盐城市新型职业农民培训教材

现代水稻生产技术

◎ 周华江　主编

中国农业科学技术出版社

图书在版编目(CIP)数据

现代水稻生产技术 / 周华江主编. —北京 : 中国农业科学技术出版社, 2017.5

ISBN 978-7-5116-3045-2

Ⅰ. ①现… Ⅱ. ①周… Ⅲ. ①水稻栽培 Ⅳ. ①S511

中国版本图书馆 CIP 数据核字(2017)第 078294 号

责任编辑 闫庆健 李功伟
责任校对 贾海霞
出 版 者 中国农业科学技术出版社
北京市中关村南大街 12 号 邮编:100081
电　　话 (010)82106632(编辑室) (010)82109702(发行部)
(010)82109709(读者服务部)
传　　真 (010)82106625
网　　址 http://www.castp.cn
经 销 者 各地新华书店
印 刷 者 北京富泰印刷有限责任公司
开　　本 850mm×1168mm 1/32
印　　张 8.25
字　　数 288 千字
版　　次 2017 年 5 月第 1 版 2017 年 5 月第 1 次印刷
定　　价 28.00 元

编委会

主　编　周华江

副主编　董建强　宋长太

编写者（以姓氏笔画为序）

马以秀　李进永　宋长太　陈万友

宋文红　陈松年　侍山林　周华江

徐　伟　贾茂枝　黄　昆　葛亚辉

董建强

审　稿　杨　力　颜东平　陈志清

序

“五谷者,万民之命,国之重宝。”粮食足则天下安。习近平总书记指出:“我国是个人口众多的大国,解决好吃饭问题始终是治国理政的头等大事”。推进农业供给侧结构性改革,必须实施藏粮于地、藏粮于技战略,保障国家粮食安全,稳定提高粮食产能。

发展优质稻米是国家优化产品产业结构、提高农业供给质量、推进农业提质增效的重要举措。该书围绕现代水稻生产技术,着重介绍了水稻生产基本知识、水稻品种利用、“三品”优质水稻生产技术、水稻精确定量栽培技术、水稻全程机械化种植技术、水稻病虫草害防控防治技术、稻田生态养殖技术7个方面内容,尤其是针对近年来蓬勃兴起的稻田养殖业,分别对稻鸭共作、蟹种稻作、养鳖稻作、克氏原螯虾稻作、青虾稻作、泥鳅稻作、黄鳝稻作、常规鱼稻作等稻田共作模式和技术要点进行了阐述,符合生态种养、绿色发展的要求,顺应了农民朋友的期盼。

该书的主要编著者盐都区农干校周华江高级农艺师,是盐城市优秀农技工作者,长期在基层一线从事农业技术推广和农民培训工作,具有扎实的专业理论基础、丰富的生产实践经验和显著的农技推广业绩,曾获得江苏省农业技术推广奖等2项科技成果、各级政府和部门表彰奖励20余次,在省级以上杂志发表专业论文16篇,2010年主编盐城市农民培训地方教材《优质高产水稻栽培技术》在中国农业科学技术出版社出版。

本书重点突出,内容精辟,通俗易懂,具有很强的针对性、指导性、创新性和适用性,可作为基层农民培训的教材,也可作为水稻种植大户、家庭农场主、农机合作组织等农业新型经营主体的学习参考书。

盐城市农业委员会主任:

2017年3月8日

目　　录

第一章　水稻生产基础知识

第一节　水稻生产概述

一、水稻在国民经济中的作用和地位

水稻是人类赖以生存的主要粮食作物之一，我国是世界上最大的稻米生产国和消费国，全国有60%以上的人口以稻米为主食，从事稻作生产的农户接近农户总数的50%。因此，水稻生产在我国国民经济中占有极其重要的地位。

稻米营养丰富，一般精米中含碳水化合物75%~79%，蛋白质6.5%~9.0%，脂肪0.2%~2.0%，粗纤维0.2%~1.0%。稻米蛋白质中有营养价值高的赖氨酸等各种营养成分。在谷类作物中稻米所含有的粗纤维最少，各种营养成分的可消化率和吸收率均较高，最适于人体的需要。此外，水稻的副产品用途广泛，米糠可以榨油，也是优良的精饲料。稻草可编织、造纸等，随着科学技术的发展，水稻副产品资源将发挥更多更重要的作用。

二、水稻生产概况

（一）世界水稻生产概况

水稻是全世界三大粮食作物之一，种植水稻的国家和地区有122个，分布在全球各大洲。其中以亚洲种植面积最大，占世界水稻总面积的90%以上，美洲约占4%，非洲约占3%，欧洲及大洋洲均约占不到1%。在水稻生产国中，以印度播种面积最大，我国居第二位，总产量我国居首位。在栽培方式上，中国、日本和韩国以育苗

移栽为主，澳大利亚、埃及、美国和巴西等则以机械直播为主。美国水稻种植机械化程度很高，每种植和收获 1 吨水稻仅用工 17 工时，比亚洲节省了近 600 工时，节约了大量的劳力资本。在水稻产业化发展方面，发达国家和地区水稻产业的集约化、标准化、专业化发展水平高。如通过农会、农协等产业化组织，实施统一组织生产、技术指导、生产资料采购、销售等服务，大大提高了水稻的生产效率；通过集中销售来稳定市场供应，避免盲目生产，确保农民收入的稳定增加。如日本农协建立了都、道、府、县农协等分级组织系统，对农民种植业结构调整、生产计划制订、生产技术指导、销售服务、生产资料采购、创办信用社等提供服务；泰国通过统一标准和统一品牌、运用“绿箱”政策和降低土地税等来扶持泰国香米的产业化发展，使得泰国“香米”享誉世界。

（二）我国水稻生产概况

1. 我国的水稻分布

我国稻区分布广泛，从南到北跨越热带、亚热带、暖温带、中温带和寒温带 5 个温度带，最北的稻区在黑龙江省的漠河（53°27′N），为世界稻作区的北限；最高海拔的稻区在云南省宁蒗县山区，海拔高度为 2 965 米。从总体看，我国水稻种植区域的分布呈东南部地区多而集中，西北部地区少而分散，西南部垂直分布，从南到北逐渐减少的趋势。

我国水稻共分为六大稻作带，即南岭以南和台湾地区的华南湿热双季稻作带，南岭以北、秦岭淮河以南的华中湿润单、双季稻作带，云贵高原、青藏高原的西南高原湿润单季稻作带，长城以南、秦岭淮河以北的华北半湿润单季稻作带，长城以北、大兴安岭以东的东北半湿润早熟单季稻作带，河西走廊以西、祁连山以北的西北干燥单季稻作带。

2. 我国水稻生产发展概况

我国是世界上栽培水稻历史最悠久的国家。据浙江余姚河姆渡

出土的碳化稻谷进行的同位素示踪分析，我国水稻栽培至今大约已经有六七千年以上的历史。早在汉代，就盛行用直辕犁耕田，文献中已开始记载插秧。古农书《齐民要术》中已提到排水晒田技术，《沈氏农书》中已论述了看苗施肥技术。

新中国成立以来，在党和政府的领导下，一方面，继承和发展我国传统的稻作栽培技术，如总结、推广“南陈北崔”的经验，既促进了水稻生产，又丰富和发展了农业科学。另一方面，围绕水稻生产上的重大问题，开展科学实验，用现代科学技术成就指导稻作实践，使许多科研成果在水稻生产中发挥了作用。在新品种研究推广方面，先后经历矮秆水稻、杂交水稻和超级稻 3 个阶段；在栽培技术方面，如江苏省研究推广水稻模式栽培、水稻高产群体质量栽培、水稻精确定量栽培、杂交籼稻两段育秧、水稻肥床旱育秧等。稻作新技术的研究和推广应用使水稻种植面积和产量不断提高，2016 年全国水稻播种面积 3 016. 24 万公顷，总产 20 693. 4 万吨。

三、目前我国水稻生产的特点与发展趋势

（一）目前我国水稻生产的特点

1. 种植面积趋于下降，提高单产的压力加大

我国水稻生产总体上稻米供需平衡略有盈余。随着农村城镇化步伐的加快、城市的扩张，基本建设用地的剧增，环境污染的影响，促使水稻种植面积呈下降趋势，但由于同时期单产水平显著提高，水稻总产量仍表现稳中有升。虽然膳食结构的多样化，使稻米人均消费量有所下降，但是，种植面积不断下降，人口持续增长，以及环境条件恶化等因素已对我国水稻生产和粮食安全构成巨大挑战。

2. 优质水稻生产较少，稻谷品质差异大

由于相当一段时期，忽视稻米品质的研究和不重视优质水稻品种的推广，优质水稻品种在生产中应用得较少，尤其是早籼品种，其稻米多数腹白大，外观品质差，食味也差，经济效益低。水稻的

生产亟待进行种植业结构和水稻品种结构的调整。

我国幅员辽阔，地域间的各种条件相差极大。南方省份多为双季稻，以种植杂交籼稻和常规稻为主，而北方稻区大多种植单季稻，以种植粳稻为主。近些年，南方的一些省份由于出现卖粮难的问题，种植水稻的经济效益低下，双季稻面积有下降的趋势，单季稻面积有所上升。而东北稻区，由于其水稻米质较好，受到市场欢迎，水稻面积逐年扩大，总产量不断增加。

3. 种植方式以手工为主，机械化程度较低

我国水稻生产方式以手工为主，精耕细作，尽管近些年来发展了一些轻简栽培技术，农业机械化水平也有所提高，但从总体看，我国稻作的机械化程度仍远落后于发达的农业国家。由于集约化程度不高，产业化程度低，生产效益极其低下。一方面，随着商品经济的发展，劳动力价格上升；另一方面，由于农业生产资料价格猛增，生产成本提高，而稻谷价格提高不多，以致出现粮食增产不增收的局面，对水稻生产造成不利的影响。

4. 生产基础设施薄弱，生产组织化程度低

目前，我国农业生产基础设施还比较薄弱，抗御自然灾害的能力比较低。农业生产主要以户经营为主，仍停留在小而全的小农经济状态。由于土地流转难度大，所以规模种粮大户少，连片种植优质稻的难度更大。

（二）我国水稻生产的发展趋势

1. 水稻品种结构的优化

由于很长一段时期以来，水稻生产追求数量而对水稻的品质相对重视不够，优质米品种不多，种植面积不大，专用稻、特种稻的开发利用程度也极低。近些年，随着市场经济体系的不断完善，各地日益重视优质米的开发利用，采取各种措施调整水稻种植结构，扩大优质水稻的种植面积。

2. 水稻种植轻简化、机械化

随着农业和农村现代化的发展，稻作的耕作制度和栽培技术正在发生新的变革，轻简栽培技术备受稻农欢迎，机械化取代劳动强度很大的手工操作已有一定的基础。科学技术的不断进步，必然带来水稻种植技术上的突破，新的省工、省力、高产、高效的水稻生产技术的出现与先进的电子、信息、遥感技术的成功结合，将会出现令人耳目一新的水稻种植技术，而水稻生产从播种、施肥、植物保护、灌溉至收获、脱粒、贮藏全过程的机械化作业，将成为现实。

3. 水稻生产经营产业化

积极发展农业产业化经营，形成生产、加工、销售有机结合和相互促进的机制，推进农业向商品化、专业化、现代化转变是我国继家庭承包责任制后，农村经济社会变革的又一次重要变革。尽管目前我国水稻生产的产业化发展还相对落后，但近些年蓬勃发展的水田现代化农业园区建设和水稻产区粮食龙头企业的发展，展示了水稻生产经营产业化的良好前景。

4. 水稻生产的可持续发展

目前我国农业依靠大量施用化肥、农药和消耗大量的资源来达到提高作物产量的目的，水稻生产也不例外。长期大量使用化肥、农药、除草剂等化学物质，给人类的生存环境带来了不可逆转的负面影响，而对土壤的掠夺性使用，不重视培肥，则给水稻生产持续稳定的发展带来威胁。随着人们环保意识的提高和对可持续发展问题的关注，这些问题日益受到重视。水稻生产中的可持续发展，就是要以合理利用自然资源与经济技术条件为前提，实现水稻生产的高产稳产。科学技术的进步，如多抗病虫草害、耐不良环境的水稻品种的育成，先进的水稻种植技术和综合病虫草害防治技术的产生，合理种养结合种植制度的应用，必将推动水稻的可持续发展。近年来，优质、高产、低耗、高效的生产方式已经成为水稻生产的发展方向，而绿色稻米或无公害稻米的生产正备受欢迎。

第二节　水稻的分类与生长发育特性

一、水稻的分类

水稻在植物学上属于禾本科，稻属。我国栽培稻由于分布区域辽阔，栽培历史悠久，生态环境多样，在长期自然选择和人工培育下，出现了繁多的适应各稻区和各栽培季节的品种。著名水稻专家丁颖根据我国栽培稻品种的起源、演变和栽培发展过程，把我国栽培稻种分为：籼亚种和粳亚种，早、中季稻与晚季稻群，水稻与陆稻型，黏稻和粳稻变种，以及栽培品种共5级。

（一）籼稻与粳稻

籼稻和粳稻两个亚种的分化，是目前我国栽培稻中最为明显的分化，两者在特征上存在明显的差别。籼粳杂交，子代的结实率低。

籼稻叶片较宽，色淡绿，剑叶夹角小，叶毛多，多数无芒，稃毛稀而短，散生稃面；分蘖力较强，株型散生；发芽速度快，较不耐寒，育秧时遇到低温，易形成烂秧。而粳稻叶片较窄，色浓绿，剑叶开角度大，叶毛少或无毛，多数有长芒或短芒，颖壳上稃毛密而长，集生稃尖或棱上；分蘖力弱，株型较紧凑，发芽速度慢，分蘖力较弱，较耐寒，不易烂秧。

籼稻米粒黏性较弱（直链淀粉含量高，为20%~30%），胀性较大；粳米黏性较强（直链淀粉含量一般在20%以下）；籼稻耐旱性较弱，粳稻耐旱性较强；籼稻矮秆较耐肥，高秆不耐肥，而粳稻耐肥，同一地种籼稻和粳稻，粳稻田氮肥用量比籼稻多；籼稻抗病能力较强，粳稻抗病性较弱，籼稻稻瘟病轻，白叶枯病重，粳稻稻瘟病重，白叶枯病轻；籼稻和粳稻纹枯病都较重。生产上籼稻选用品种时一定要考虑抗白叶枯病，种粳稻地区一定要重视纹枯病、稻瘟病的防治。

籼稻比较适宜于高温、强光和多湿的热带及亚热带地区，粳稻

比较适宜于气候温和的温带和热带高地。南方多籼稻，北方多粳稻。

（二）晚稻与早稻、中稻

无论籼稻或粳稻，都有早、中、晚稻之分。晚稻与早稻、中稻的区别在于对日长反应的特性不同。晚稻感光性较强，对日照长度极为敏感，无论早播或迟播，都要经短日照条件的诱导才能抽穗。早稻感光性极弱或不感光，只要温度条件满足其生长发育，无论在长日照或短日照条件下均能完成由营养生长到生殖生长的转换。中稻的感光性介于早稻和晚稻之间。多数中粳品种具有中等的感光性，播种至抽穗日数因地区和播期不同而变化较大，遇短日高温天气，生育期缩短。中籼品种的感光性比中粳弱，播种至抽穗日数变化较小而相对稳定，因而品种的适应范围较广。

（三）水稻与陆稻

水稻与陆稻在植物学形态上差异不明显，主要差别是耐旱性不同。水稻与陆稻均有通气组织，但陆稻种子发芽时需水较少，吸水力强，发芽较快；茎叶保护组织发达，抗热性强；根系发达，根毛多，对水分减少的适应性强。陆稻可以旱种，也可水种，有些品种既可作陆稻也可作水稻栽培，但陆稻产量一般较低，逐渐为水稻所代替。

（四）黏稻（非糯性）与糯稻

黏（非糯性）稻和糯稻在农艺形态性状上无明显差异。籼稻和粳稻、早稻、中稻和晚稻都有糯性的变异。黏稻（非糯性）是相对于糯稻而言的，黏稻米粒的胚乳中含有15%~30%的直链淀粉，其余为支链淀粉。糯稻米粒胚乳中几乎全部为支链淀粉。黏稻米糊化温度高，胀性大，干燥的黏米呈半透明。糯稻米糊化温度低，胀性小，干燥的糯米呈蜡白色。煮熟后米饭的黏性以粳糯（俗称大糯）最强，其次是籼糯（俗称小糯），更次为粳黏，而籼稻的黏性最弱。

（五）栽培稻品种的分类

水稻在以上四级分类的基础上又可细分成许多品种，根据其形态特征和栽培特性，简要罗列如下。

1. 按穗粒性状分类

可分为大穗型和多穗型。大穗型秆粗、叶大、分蘖少、单株穗数少而穗大粒多；多穗型秆细、叶小、分蘖多、单株穗数多而穗小粒少。在栽培上大穗型采取低群体、壮个体，重视中期施肥，后期养根保叶的措施；多穗品种适于密植，中期调控氮素，后期防倒伏。

2. 按熟期分类

早稻、中稻、晚稻还可分为早熟、中熟、迟熟品种，共 9 个类型。熟期分类我国是以各品种在南京 4 月下旬播种至抽穗所需天数为划分标准的。若用主茎叶龄来划分，一般主茎为 9~13 片叶的水稻为早熟品种，主茎 14~16 片叶的为中熟品种，主茎为 16 片以上的为迟熟品种。

3. 按株型分类

按茎秆长度可分高秆、中秆、矮秆品种。粳稻偏矮、籼稻偏高。籼稻以短于 100 厘米的为矮秆品种，高于 120 厘米的为高秆品种，100~120 厘米的为中秆品种。

4. 按种子类别分类

分为杂交稻种和常规稻种。杂交稻遗传基础丰富，表现明显的杂种优势，易取得大面积高产稳产。杂交稻需要制种，种子易混杂或不孕率高，成本也较高。常规稻种不用制种，有利良种加速繁育，成本较低。

二、水稻品种的生育特性

水稻品种的的感光性、感温性和基本营养生长性简称为水稻品种的“三性”，决定水稻生育期的长短。

（一）感光性

水稻品种受日照长短的影响而改变其生育期的特性，称为水稻

品种感光性。水稻是短日照性植物，日照时间缩短，可加速其发育转变，使生育期缩短；日照时间延长，则可延缓发育转变，使生育期延长。一般早稻品种感光性弱，在短日照和长日照下都可正常抽穗；而晚稻品种对光照比较敏感，短日照能促进抽穗，长日照则延迟抽穗。中稻品种介于两者之间。

（二）感温性

水稻品种因受温度高低的影响而改变其生育期的特性，称为水稻的感温性。感温性强的品种，高温可加速其转变，提早抽穗；而较低温度可延缓其发育转变，延迟抽穗，使生育期延长。感温性弱的品种，高温和低温对发育速度的影响均较小。晚稻较早稻的感温性更强，高温下生育进程加快，低温下生育进程变慢。

（三）基本营养生长性

水稻即使在最适于发育的短日照和高温条件下，也必须经过一段最低限度的营养生长期，才能转入生殖生长，这个不能被缩短的营养生长期，称为水稻的基本营养生长期。水稻的这种特性称为基本营养生长性。

水稻的“三性”是气候条件和栽培季节影响下形成的，对任何一个品种来说，“三性”都是一个相互联系的整体。早稻是由晚稻演变而来的对短日照不再敏感的变异型，一般早稻品种都具有基本营养生长性小、感光性弱、感温性较强的特点。因此，早稻生育期的长短，主要决定于温度的高低。晚稻品种一般都具有基本营养生长性小，而感光性、感温性都强的特点。其生育期的长短，主要决定于日照的长短，同时又受温度高低的影响，光、温联应效果甚为明显，只能在短日、高温条件下完成发育转变，开始幼穗分化。中熟粳稻介于早晚稻二者之间，有一定的感温性和感光性，其中的早熟种近于早稻，迟熟种近于晚稻。中熟籼稻则一般是基本营养生长期长，其生育期比较稳定，适应种植的范围也比较广。

第三节　水稻生长发育的过程与器官的形成

一、水稻的生长发育过程

水稻的一生在栽培学上是指从种子萌动到新种子成熟。水稻从播种或出苗到成熟所经历的天数，称为全生育期。在整个生育期中，根据水稻所经历的不同生育过程，可划分为不同的生育时期，归纳为营养生长和生殖生长两个阶段。

（一）营养生长阶段

水稻的营养生长阶段是指从种子开始萌动到幼穗开始分化前的一段时期。包括幼苗期和分蘖期两个生育时期。水稻的幼苗期包括稻种萌动发芽、出苗到秧苗三叶期。水稻从第四叶出生开始萌发分蘖，到幼穗分化为止称为分蘖期。水稻营养生长阶段主要是形成营养器官，包括种子发芽和根、茎、叶、蘖的生长，是水稻植株体内积累有机物质，为生殖生长提供营养物质基础阶段。

（二）生殖生长阶段

水稻生殖生长阶段是指从幼穗分化到稻谷成熟的一段时期。包括长穗期、结实期两个生育时期。从幼穗分化到抽穗前为长穗期。从开始抽穗到谷粒成熟为结实期。水稻生殖生长阶段主要是生长稻穗、抽穗开花、灌浆结实，形成结实器官。

二、水稻营养生长的生育类型

水稻营养生长阶段的分蘖终止、拔节与幼穗分化之间有重叠、衔接、分离 3 种关系。

（一）重叠型

幼穗分化先于拔节，即分蘖尚未终止，幼穗已开始分化。因此，营养生长与生殖生长部分重叠。重叠型水稻品种地上部一般有 4~5

个伸长节间，属早熟品种类型。在栽培上，重叠型水稻品种应注意前期促控，从壮苗出发，培养健壮个体，是高产的关键。

（二）衔接型

幼穗开始分化与拔节同时进行，即在分蘖终止时，幼穗开始分化。因此，营养生长与生殖生长是互相衔接的。衔接型水稻品种，地上部一般有6个伸长节间，为中熟品种类型。衔接型水稻品种营养生长与生殖生长矛盾小，栽培上宜促控结合。

（三）分离型

分蘖终止、拔节后间隔一段时间才开始幼穗分化。因此，营养生长与生殖生长的关系是分离的。分离型水稻品种，地上部一般有7个以上的伸长节间，为晚熟品种类型。分离型水稻品种在栽培上，应促中有控，促控结合。

三、种子发芽与幼苗生长

（一）种子的构造

水稻种子籽粒由颖果及内、外稃构成。内部的颖果即为“糙米”，由子房受精发育而成，包括果皮、种皮、胚乳和胚。外面包被的内、外稃也叫内、外颖，即“谷壳”。米粒绝大部分为贮藏养料的胚乳所占据，它是秧苗三叶期以前所需养料的主要来源，其主要成分是淀粉，其次是蛋白质、脂肪，及少量半纤维素、矿物质等。胚呈长形，位于米粒的一角，少子空谷粒就不能发芽，是由卵细胞和精细胞受精后发育而成的。胚的中轴为胚轴，胚轴上端连接着胚芽。胚芽内有茎的生长点，外有圆锥形的胚芽鞘。种子发芽时胚芽鞘成为鞘叶。胚轴下端连接着胚根。

（二）发芽与幼苗的生长

稻种在合适条件下开始萌动，胚根鞘或胚芽鞘突破谷壳，外观即可看到“破胸”或“露白”。当胚芽长度达种子长的一半，或种子根与种子等长时为发芽，田间称为“立针”。种子发芽后在充足的氧气和光照条件下，胚芽鞘迅速破口，不完全叶抽出，秧苗呈绿色，生产上称“现青”。接着，长出第一片完全叶、第二片完全叶以及以后的叶片。

在幼苗第2片完全叶展开，第3片完全叶抽出时，稻种内贮藏的养分基本耗尽，此时称为断奶期。断奶期的秧苗对外部不良环境的抵抗力下降，容易出现死苗，生产上，应注意防寒保温，追施断奶肥。进入3叶期后，秧苗逐渐通过叶片的光合作用和根系的吸收，提供营养物质，进入自养阶段。

（三）发芽及幼苗生长的条件

1. 水分

稻种贮藏的安全含水量为14.5%。粳稻种子含水量为其风干重的25%、籼稻为30%时，才能整齐发芽。

2. 温度

稻种发芽的最低温度粳稻为10℃、籼稻为12℃，最适温度为28~36℃，最高温度为40℃。生产上当遇到连续12℃以下的低温连阴雨时，容易出现烂秧。

3. 氧气

稻种的萌发和幼苗的生长需要氧气。稻种在发芽和出苗过程中如遇长时间淹水，易造成烂种死苗现象。

四、根的生长

（一）根的种类与形态特征

水稻的根系属于须根系。根据发生的先后和部位的不同，可分为种子根和不定根（节根）两种。

种子根只有1条，种子萌发时由胚根向下延伸而成，垂直向下生长，作用是吸收水分，支撑幼苗，一般在不定根形成后会逐渐枯萎。

不定根是从植株基部茎节上发生的根，包括芽鞘节、不完全叶节和完全叶节上发生的根，又称节根，是水稻根系的主体。

当第1叶刚抽出时，芽鞘节上（胚根的两侧）长出2条不定根，在第1叶伸出过程中芽鞘节上又长出3条根，其中2条在胚根两侧，另一条在胚根上方，这时胚芽节上共有5条不定根，两两相对，一条在前，形似鸡爪，故称鸡爪根。芽鞘节上不定根发生的好坏，能否及时扎入土中，对扎根立苗和幼苗生长作用很大。

第3叶抽出一半后不完全叶节长出节根，以后各完全叶的节上依次发生节根。节根上有许多分枝，直接由茎节上伸出的根称一级根，从一级根上伸出的根称二级根，依次可以伸出六级根。一般老根呈褐色，新根呈白色，新根近根尖部分生有根毛，级次越高，则根毛越少，六级根不生根毛。土壤疏松或通气条件好时，根毛较多；长期淹水或氧气缺乏时，根毛很少甚至没有。

水稻的根除种子根外稻根都是从节上发出，是由下而上一层层的长出，每层发根数目不断增加。水稻拔节后，在伸长的节上一般不再发生不定根，只是在靠近土表氧化层的上位节上生长出大量的不定根，这些根因密生于土壤表层，故称之为“浮根”或“表根”。它们有强大的吸收水中氧气和土壤养分的能力。

水稻各时期的根都有白、棕、黑、灰色等颜色，这是根系生长状况和根系活力高低的重要标志。

（二）根系的发生、发展与分布

水稻的发根与出叶具有同伸关系：

n叶抽出≈n叶节根原基分化≈n-3叶节根旺盛抽出≈n-4叶节发生第一次分枝根（仍有发根）≈n-5叶节发生第二次分枝根

发根节位数主要决定于主茎总叶数和伸长节间数。

主茎发根节位数=N-n+1（第一伸长节间下方节）+2（芽鞘节和不完全叶节）。

分蘖的出叶与发根节位也符合上述叶根同伸关系。

稻根的条数与总长度，在分蘖期随分蘖的发生而增加，到拔节、穗分化初期前后增加最迅速，到抽穗期达最大值，而后逐渐减少。

五、茎的生长

（一）茎的形态结构

水稻的茎由节和节间组成。节数主要取决于品种特性，一般主茎有12~19节。节间分未伸长节间和伸长节间。未伸长节间位于水稻茎的基部，是分蘖发生的部位。伸长节间位于地上部，约占全部节间1/3，早熟品种3~4个，中熟品种5~6个，晚熟品种6~7个。伸长节间从基部向上逐渐变长，最上部节间（穗茎节间）最长。生产中第一和第二节间的长度及充实度与倒伏密切相关，短而粗有利于抗倒。

茎的节间外侧是表皮，其外层细胞壁沉淀着二氧化硅，具有防止病菌侵入和增加茎秆硬度。表皮内有数层纤维细胞，内有纵向小维管束，皮层纤维层数越厚茎秆越壮，抗倒能力越强。皮层纤维向内是薄壁细胞，贮藏淀粉，其中分布着小维管束和相对大维管束。茎内维管束起着输导养分的作用，同时也能提高茎秆的强度。基部节间大维管束的数量多少与穗的一次枝梗数成正比，大维管束越多，稻穗越大，茎秆也越强壮。

茎节是生活力最旺盛、养分交叉运转最多的部位，叶、根、蘖均发生于此。

（二）茎秆的分化与生长

水稻基部第一伸长节间伸长2厘米时，称为生物学拔节期。当田间50%的植株主茎拔节称为拔节期。在伸长节间中，当n节间伸长时，（n−1）节间定长，（n+1）节间开始伸长。节间的生长分为四个时期：

1. 组织分化期

由下而上渐次分化形成节和节间，并分化形成茎各部分组织。早在拔节前的分蘖期基部三个节间即已渐次分化形成，维管束的数

目已被确定。

2. 节间伸长期

基部的居间分生组织分裂、分化、伸长并成熟。此期是决定节间长度的时期。

3. 组织充实期

在节间伸长后期，皮层纤维等机械组织细胞壁木质素和纤维素开始充实加厚，表皮细胞沉淀硅质，薄壁细胞大量积累淀粉。此期是决定节间强度的时期，增施钾肥、硅肥有利于茎秆的充实和壮秆的形成。

4. 节间物质输出期

盛花期后，茎秆及叶鞘中的淀粉供应占灌浆物质的30%左右。节间物质输出，茎秆强度变小，易倒伏。

六、叶的生长

（一）叶的的类型

水稻的叶片可分为鞘叶、不完全叶和完全叶3种。鞘叶即芽鞘，在发芽时最先出现，白色，有保护幼苗出土的作用。不完全叶是芽鞘内抽出的第1片真叶，只有叶鞘，无叶片，在计算主茎叶片数时通常不计入。完全叶由叶鞘和叶片组成，叶鞘叶片连接处为叶枕，在叶枕处长有叶舌和叶耳。叶鞘抱茎，有保护分蘖芽、幼叶、嫩茎、幼穗和增强茎秆强度、支持植株的作用。同时，叶鞘又是重要的贮藏器官，叶鞘内同化物质蓄积情况与灌浆结实和抗倒能力有很大关系。

（二）叶的形态特征

1. 叶色

水稻在生长期间，叶片的颜色会随着生育进程发生浓淡变化，叶色偏深，表示稻株内营养充分，含氮量高，光合产物主要用于新生器官的生长，正在进行扩大型代谢；叶色偏淡，表示稻株体内营养不足，含氮量低，光合产物主要运往贮藏器官，新生器官生长速度缓慢，转向积累型代谢。如晚稻的“三黑”（分蘖期黑，壮秆期黑、孕穗期黑）“三黄”（无效分蘖期黄，幼穗分化初黄、破口黄）和中稻的“二黑”（分蘖期黑、孕穗期黑）“二黄”（无效分蘖期幼穗分化初黄、破口黄）。所谓黑就是颜色深一点，不是像疯长披叶的稻苗那样绿；所谓黄就是颜色淡一些，不是像缺肥的稻苗那样枯黄。凡是叶色黑的时候，都是水稻的新器官大量生长的时期；凡是叶色落黄的时候，都是水稻从一个生育期转到另一个生育期的时候。所以叶色的变化是水稻生长发育的必然规律，稻株该黑不黑该黄不黄，生长就不正常。

2. 叶长

水稻分蘖后，新长出的叶片，在正常营养条件下，比其下一叶增长20%~30%。到了分蘖末期，从近根叶的最上一叶，亦即抱茎叶的最下一叶开始，叶片的长度明显增长，一般要比其下一叶增长50%以上，称“飘长叶”。一般倒2叶最长，剑叶（最上一叶）较短。

3. 叶枕距

分蘖期各叶叶鞘长度是依次渐进增加的，由此上下两叶叶枕之间产生的距离，称为叶枕距。分蘖期的各叶的叶枕距较小，一般在1~2厘米。

（三）叶龄

水稻叶龄是指主茎抽出的叶片数。同一品种同一地区在相同的播种期下，主茎总叶片数是比较稳定的。叶龄的计算是以主茎长出的最新叶片为标准，如主茎上长出第5长叶片时，叶龄为5；长出第6张叶片时，叶龄为6；当第7张叶片未完全展开时，以展开部分占第6叶的比例计为小数，如展开叶片长度占第6叶长度1/3时，叶龄计为7.3，展开叶长度占第6叶长度一半时，叶龄计为7.5。

（四）叶相

水稻植株上叶的空间分布，称为叶相。有5种类型，即直（叶片上部不弯曲，与主茎夹角15°~20°）、挺（叶片上部稍弯曲，夹角为30°）、弯（叶片上部弯下，夹角约45°）、披（叶片中部弯下，但不低于叶枕，夹角大于45°）、垂（叶类低于叶枕，夹角大于60°）。

七、分蘖的分化与生长

（一）分蘖

水稻茎基部分蘖节上各个节叶腋内都有1个腋芽，从腋芽长成的分枝称为分蘖。主茎上的分枝称为一级分蘖，一级分蘖上的分枝称为二级分蘖，依次类推。一般芽鞘节、不完全叶上不发生分蘖，伸长节叶腋内腋芽一般不萌发。

（二）水稻叶、蘖同伸关系

n叶抽出≈（n−3）叶节分蘖的第1叶抽出。

分蘖芽形成之后能否长成分蘖，则要受制于多种内外条件。

（三）有效分蘖与无效分蘖

在水稻主茎开始拔节（幼穗开始分化）时，具有3张以上的叶片和独立的根系，可自养的分蘖，都能抽穗结实，这类分蘖称之为有效分蘖。叶片数较少，没有独立根系，不能自养的分蘖，不能抽穗结实，这类分蘖称之为无效分蘖。另外，在主茎拔节时，还有一部分分蘖，有3张叶片，根的数目和绿叶数较少，能否成穗主要因土壤营养状况、群体的大小等而变化，这类分蘖为动摇分蘖。生产上要做好这类分蘖的管理，尽可能地将它们转变为有效分蘖。

水稻有效分蘖临界叶龄期=N（品种总叶数）－n（伸长节间数）

八、穗的分化

（一）穗的形态结构

稻穗为圆锥花序，其主梗叫穗轴，轴上的节叫穗节，穗茎节位于基部。穗轴上着生一次枝梗，一次枝梗上着生二次枝梗。枝梗上着生小穗梗，小穗梗顶端着生小穗，称为颖花。每个小穗有内外颖、6 枚雄蕊和 1 枚雌蕊组成。

（二）穗的分化

稻穗从分化开始到发育成穗，按照丁颖的划分法将其划分为 8 期。穗的分化进程可通过幼穗剥查法、叶龄余数法和叶耳间长法进行确定。

1. 幼穗剥查法

田间剥查幼穗发育进程可通过显微镜或通过直接观察外部形态，对照其形态特征进行鉴定（见表 1-1）。

表 1-1　幼穗分化时期的鉴定

幼穗发育期	形态特征	持续天数	叶龄余数	距抽穗天数
第 1 苞分化期	一期看不见	2~3	3.5~3.1	24~32
一次技梗原基分化期	二期苞毛现	3~4	3~2.6	22~29
二次枝梗及颖花原基分化期	三期毛茸茸	5~6	2.5~2.1	19~25
雌雄蕊原基分化期	四期粒粒现	2~3	1.5~（0.9~0.8）	14~19
花粉母细胞形成期	五期谷壳分	2~3	（0.9~0.8）~（0.5~0.4）	12~18
花粉母细胞减数分蘖期	六期叶枕平	3~4	（0.4~0.3）~0	7~9
花粉内容充实期	七期穗已定	4~5		7~9
花粉成熟期	八期穗将出	2~3		3~4

2. 叶龄余数法

叶龄余数是指还未出现的叶片数。其计算方法为，主茎总叶数-当时田间测查到的叶龄。

3. 叶耳间长法

叶耳间长又叫叶枕距，是指剑叶叶耳和下一叶叶耳之间的距离。叶耳间长是鉴定水稻减数分裂期过程的一个简单易行的标志。剑叶

叶枕高于倒2叶叶枕为+，如仍在倒2叶叶鞘内为-。在-4~1厘米时，多数为减数分蘖期；在1~7厘米，多数为花粉内容充实期；如在8~13厘米时，则接近花粉粒成熟期。

（三）颖花的分化与退化

在穗分化过程中，自颖花原基分化开始，幼穗上分化的颖花原基数不断增加，约至雌雄蕊分化中期前后，不再分化出新的颖花原基；减数分蘖盛期部分发育落后的颖花明显停止发育而退化，分化颖花减少；至出穗前7~10天，退化颖花的退化率一般在20%左右，低的可低于10%，高的可达40%。所以防止颖花退化从而增加每穗粒数的潜力相当大。

九、抽穗、开花、灌浆、结实

（一）抽穗

水稻幼穗发育完成后，稻穗顶端伸出剑叶鞘外时，称为抽穗。全田有10%植株抽穗时为始穗期，50%植株抽穗时为抽穗期，80%植株抽穗时为齐穗期。一个稻穗从穗顶露出到全穗抽出需5天左右。一株水稻抽穗的顺序：一般是主茎先抽，再依各次分蘖发生的迟早而依次抽穗。从始穗到齐穗需7~12天。

（二）开花

抽穗的当日或次日开始开花。一个颖花的内、外颖开始张开到闭合过程，叫作开花。开花的顺序是：主茎先开花，然后按分蘖次序先后开花；一个稻穗，最上面枝梗先开花，依次向下；一个枝梗，顶端第一朵颖花先开，以后是枝梗基部的一朵颖花开放，然后顺序向上开，顶端第二朵颖花开的最迟。先开的花叫优势花，结的谷粒饱满；后开的花叫弱势花。一个穗从初花到终花需5~8天。

（三）传粉与授精

水稻是自花授粉作物，异花授粉在1%以下。开花时，花药开裂，花粉粒落在柱头上2~3分钟萌发成花粉管，0.5~1小时进入胚囊，5~6 小时完成双受精过程，形成初生胚乳核和受精卵。接着，胚乳核和受精卵分别发育成胚乳和胚，形成米粒。

（四）灌浆结实

水稻受精后，胚和胚乳开始发育，养分自茎叶移向子实，子房逐渐膨大，进入灌浆结实阶段。一般开花后 4~5 天幼胚已经分化，并开始灌浆。从灌浆开始谷粒增长很快，一般开花后 7~8 天可达最大长度，8~10 天可接近最大宽度，约两周后接近最大厚度。此时米粒基本成型，以后为胚乳的充实，进入成熟期。

根据谷粒的内容物和谷粒的色泽，可将谷粒灌浆成熟过程分为乳熟期、蜡熟期、完熟期和枯熟期。

1. 乳熟期

水稻开花后 3~5 天即开始灌浆。灌浆后籽粒内容物呈白色乳浆状，淀粉不断积累，干、鲜重持续增加，在乳熟始期，鲜重迅速增加，在乳熟中期，鲜重达最大，米粒逐渐变硬变白，背部仍为绿色。该期手压穗中部有硬物感觉，持续时间为 7~10 天。

2. 蜡熟期

籽粒内容物浓黏，无乳状物出现，手压穗中部籽粒有坚硬感，鲜重开始下降，干重接近最大。米粒背部绿色逐渐消失，谷壳稍微变黄。此期经历 7~9 天。

3. 完熟期

谷壳变黄，米粒水分减少，干物重达定值，籽粒变硬，不易破碎。此期是收获时期。

4. 枯熟期

谷壳黄色退淡，枝梗干枯，顶端枝梗易折断，米粒偶尔有横断痕迹，影响米质。

第二章　水稻品种选择与利用

第一节　品种选用原则

一、新品种引进原则

优质水稻品种在引进过程中，要事先考虑当地生态、生产等因素是否适宜于该品种的生长发育。

（一）光照条件

北种南引，水稻品种的生育期随日照时数缩短而缩短，其生物产量低，植株变矮，发生早穗，致使减产和米质下降。南种北引，水稻品种的生育期随日照时数延长而延长，发生贪青晚熟，影响产量和米质。因此，北种南引，应选择生育期较长的中迟熟品种，作早稻栽培，应适当早播；作晚稻栽培，适宜迟播。品种引进一定要在小面积试种成功后，再逐步扩大种植。

（二）海拔高度

在同一个地区，由于海拔高度不同，其气温变化差异很大，对品种生育期长短也发生一定影响。一般海拔每升高 100 米，日平均温度约降低 0.6℃。所以，同一品种由低海拔向高海拔引种其生育期延长，不同类型品种其生育日数延长也不同，一般感温性强的品种其延长的日数多些，而且株高、穗大小、穗粒数、千粒重都要发生变化，感温性敏感程度差的品种变化较小。所以，由低海拔向高海拔引种应选择生育期短的早熟品种。

（三）温度

通常情况下，籼粳杂交育成的品种多喜偏高温，即在高温条件下，生长发育进程加快，生育时间缩短；相反，在低温条件下，水稻生育期延缓。所以，引进品种要考虑一个地区无霜期的长短及其临界期，以便确保水稻品种在安全期内正常成熟。引进早、中、晚熟品种，一定要以感光性与感温性为依据。由于品种不同，对感温性和感光性敏感程度亦不相同，有的感光性强，有的感温性强。因此，引种一定要了解该品种感温性的强弱，只有掌握品种对光温反应的特性，才能取得品种引进成功。

（四）栽种季节

在复种稻区，如麦稻、油稻、菜稻复种地区，引用品种应注意其生育期发生的变化。特别是关系到春播夏插、夏收夏种或夏插对品种的选择，均应严格经过本地试验，掌握适于当地生育期达到安全期要求，才能进行种植。

二、品种选用选择原则

品种是水稻夺取高产的内因，同时也是决定稻米品质的重要因素。正确选择水稻品种，要综合考虑其适应性、丰产性、抗病抗逆性和品质等。选择水稻品种应遵循以下几项原则。

（一）要选用通过审定定名的品种

已通过审定定名的品种，稳定性好，群众易接受。

（二）要选用具有较好综合性状的品种

一是要具有理想的株型。株高适宜，茎秆粗壮，直立紧凑，叶片厚实而挺立，叶面积指数大，光合效率高，根系发达，数量多，根粗壮；二是生物学特性上，分蘖力强，生长旺盛，发棵力强，耐肥、耐瘠能力强，生长整齐；三是抗逆性强。尤其是要选择对当地病虫害具有较强抗性。如当地雾多、相对湿度高，稻瘟病发生重，应选用抗稻瘟病强的品种；土壤肥沃的高产田应选用耐肥品种，贫

瘠的低产田应选用吸肥力强的品种。

（三）要选用有较强的适应性能的品种

一是具有一定的稳产、高产性，要求产量构成因素即穗、粒、重三者之间较为协调与统一，能确保生育期的安全；二是要适应当地生态环境条件，主要是感温性、感光性及营养生长性的适应能力。水稻是喜温、短光照植物，所以，在引进品种时，北种南引生育期缩短；相反，南种北引生育期则延长。每个品种一生中所需积温量都有相对数量的要求。在生育期内，必须满足全生育期≥10℃以上的活动积温量，必须达到本品种所要求的积温量。依照品种对积温量的要求，划分为早熟、中早熟、中熟、中晚熟、晚熟 5 个不同熟型的品种，从积温量的大小，对各熟型品种的排序为：晚熟>中晚熟>中熟>中早熟>早熟，其积温量分别为 3300～3500℃·d、2800～3250℃·d、2650～2800℃·d、2400～2570℃·d、22500～2650℃·d。生育天数分别为：165～175 天、155～165 天、145～ 155 天、135～145 天、125～ 135 天。

（四）要从市场需要出发选择优质品种

随着生产的发展和人民生活水平的提高，人们对稻米品质的要求越来越高，消费者喜欢食用外观品质和食味均好的优质稻米。优质稻米虽然比普通稻米生产投入高，但价格较高，综合其经济效益，优质稻米市场潜力更大，更具有竞争力。

（五）基于“三证”选择水稻优良品种

“三证”是种子销售许可证，种子质量合格证，经营执照。经营单位销售的种子必须是国家或省级农业部门已经审定推广的优良品种的合格种子。防止购买假种，劣种和不合格品种。

三、选购稻种注意事项

（一）熟悉本地水稻种植条件

在选购水稻种子之前，应当全面掌握种植区域的气候条件如无霜期、积温、降水量等，选择适合本地气候条件生长的品种。谨慎购买越区种子，越区种子往往因品种不适应新地区的生态条件，发挥不出其增产潜力，所以不经试种，不宜盲目购买，避免造成经济损失。

（二）查看种子纯度

稻种纯度是衡量稻种质量最重要的一项指标，稻种纯度：常规稻原种不低于99.9%，大田用种不低99.0%；杂交稻大田用种纯度不低于96.0%。观察种子整齐度，形状、大小、饱满度，混杂有其他品种的水稻种子粒型不整齐。观察种胚，优质稻种外观平滑光泽，种胚饱满充实，有湿润感，并带绿色。劣质稻种种胚干瘪，颜色较暗。

（三）查看种子净度

优质稻种经过风选和筛选，空秕粒、泥土、草秆等杂质含量都控制在2%以下。种子净度在98%以上。

（四）查看种子含水量

稻种含水量常规籼稻种和杂交籼稻种不高于13%，常规粳稻种和杂交粳稻种不高于14.5%。稻种含水量高，会降低种子的发芽率。简便的判断方法是用牙咬，如发出“咔咔”响声，则种子的含水量能够达到标准；若无“咔咔”的脆声，则种子含水量一般高于正常标准。

（五）观察种子是否有病霉变

稻种颖壳呈黑褐色或有不规则的斑点及块状，属感染病害或发生霉变的种子。例如，感染有稻瘟病的种子表面有棕褐色斑块。

（六）鉴别新、旧种子

凡颖壳色泽新鲜、黄白、种胚饱满，湿润带绿色，为芽势强的好种子；反之，颖壳色泽灰暗，籽粒不饱满，这类种子为芽势弱的种子。凡新种中均无虫蛀的空壳和虫衣等现象，而陈种中则存在。

（七）索要并保存购种发票

购种时要索取正规的种子销售发票（或种子质量信用卡），并妥善保管购种发票和种子包装袋，一旦出现种子质量问题时，可以以此为依据进行索赔。购买种子后，一定要及时做种子发芽实验，常规稻种发芽率的国家标准不低于85%，杂交稻种发芽率不低于80%，否则为劣质种子。

四、品种合理布局与主推品种

（一）品种合理布局

在选用水稻优良品种的基础上，一要做好作物品种的搭配与布局，尤其在多熟制条件下更要高度重视，力争季季优质高产、熟熟丰收增产、年年增效增收。目前我市大多数农民种植水稻的规模不大，单靠种稻还难以很快致富。因此，依据市场需要，开展多种经营，形成效益农业中的效益水稻生产体系，必须因地制宜做好水稻前作后茬的作物搭配、品种布局和品质安排，才能达到增产增效，提高收益。

从一个生态区的范围考虑，要坚持因地选择适宜品种，既不能过多又不能过于单一。特别是一个生产经营单位，如果品种过多，一方面不利于栽培管理，容易造成不同品种之间的机械混杂，直接影响稻米的纯度；另一方面，对脱谷、加工、包装带来诸多不便。

品种过分单一，则对于自然灾害的抵御不利于缓解和应变，也不利于市场需求的调节。主栽品种应以充分利用本地光热资源为前提，以便有利于本品种增产潜力的发挥。

因此，对一个地区品种布局的合理性，应建立在掌握全局综合因素的稳定性和信息准确性程度的基础上。要建立在市场竞争意识很强的氛围之中，既要有充分的预测和超前性，又不能带有更多的盲目性。在具体布局上，一个县（市、区）一般主推 1~2 个品种，搭配 1~2 个品种；千亩片、百亩方和超高产攻关田需使用同一品种，万亩示范方原则上使用同一个品种，最多不超过 2 个品种。

（二）主推品种

主推品种是指地方政府从国家和省审定命名的品种中，经试验、试种、示范，在广泛征求专家、农技人员和品种使用者的基础上，选择出表现好、适合在本辖区大面积推广使用一至数个的当家品种。近年来各级地方政府为了抓好区域品种布局规划，防止出现种植品种多、乱、杂现象，都因地制宜出台水稻品种利用意见规范性文件，以主推品种为主体的水稻生产良种普及率大幅度提高，优良品种覆盖率达 100%。江苏省 2014—2015 年水稻主推品种见表 2-1。

表 2-1　江苏省 2014~2015 年水稻主推品种名录

序号	品种类型	品种名称	审定编号	适宜种植区域
1	中熟中粳	徐稻 5 号	国审稻 2006059	淮北地区
2		武运粳 21 号	苏审稻 200705	淮北地区
3		泗稻 12 号	国审稻 2008029	淮北地区
4		华粳 5 号	苏审稻 200505	淮北地区
5		宁粳 4 号	国审稻 2009040	淮北地区
6		连粳 7 号	苏审稻 201008	淮北地区
7		连粳 9 号	苏审稻 201205	淮北地区
8		连粳 6 号	苏审稻 200905	淮北地区
9		华瑞稻 1 号	苏审稻 201110	淮北地区
10		连粳 11 号	苏审稻 201203	淮北地区

续表

序号	品种类型	品种名称	审定编号	适宜种植区域
11	迟熟中粳	淮稻 13 号	苏审稻 200907	苏中及宁镇扬丘陵地区
12		扬育粳 2 号	苏审稻 201113	苏中及宁镇扬丘陵地区
13		武运粳 24 号	苏审稻 201009	苏中及宁镇扬丘陵地区
14		南粳 9108	苏审稻 201306	苏中及宁镇扬丘陵地区
15		镇稻 14 号	苏审稻 201112	苏中及宁镇扬丘陵地区
16		南粳 49	苏审稻 201207	苏中及宁镇扬丘陵地区
17	中熟中粳（淮南迟播组）	淮稻 14 号	苏审稻 201308	苏中地区作迟播种植
18		连粳 10 号	苏审稻 201208	苏中地区作迟播种植
19		武运粳 27 号	苏审稻 201209	苏中地区作迟播种植
20	早熟晚粳	常农粳 5 号	苏审稻 200812	沿江及苏南地区搭配种植
21		扬粳 4227	苏审稻 200912	沿江及苏南地区搭配
22		南粳 5055	苏审稻 201114	沿江及苏南地区
23		武运 23 号	苏审稻 201014	沿江及苏南地区
24		镇稻 11 号	苏审稻 201015	沿江及苏南地区
25		常农粳 7 号	苏审稻 201211	沿江及苏南地区
26	中熟晚粳	南粳 46	苏审稻 200814	太湖地区东南部
27	杂交中籼	Ⅱ优 084	苏审稻 200103	江苏中籼稻地区
28		Y 两优 1 号	国审稻 2008001	江苏长江流域
29	杂交晚粳	甬优 8 号	苏审稻 200615	江苏沿江及苏南

第二节　水稻部分优良品种简介

一、南粳 9108

南粳 9108（原名“宁 9108”），是江苏省农业科学院粮食作物研究所以武香粳 14 号/关东 194 杂交，于 2009 年育成。属迟熟中粳稻品种。2013 年通过江苏省品种审定（苏审稻 201306），2015 年被评为农业部超级稻品种。适宜江苏省苏中及宁镇扬丘陵地区种植。

（一）特征特性

株型较紧凑，长势较旺，分蘖力较强，叶色淡绿，叶姿较挺，抗倒性较强，后期熟相好。省区试平均结果：每亩（1 亩≈667 平方米，全书同）有效穗 21.2 万，穗实粒数 125.5 粒，结实率 94.2%，千粒重 26.4 克，株高 96.4 厘米，全生育期 153 天，较对照早熟 1 天；接种鉴定：感穗颈瘟，中感白叶枯病、高感纹枯病，抗条纹叶枯病。

（二）产量与品质

2011—2012 年参加江苏省区试，两年区试平均亩产 644.2 千克，2011 年较对照淮稻 9 号增产 5.2%，增产达极显著水平，2012 年较对照淮稻 9 号增产 3.2%，较对照镇稻 14 增产 0.1%；2012 年生产试验平均亩产 652.1 千克，较对照淮稻 9 号增产 7.3%。

米质理化指标根据农业部食品质量检测中心 2012 年检测：整精米率 71.4%，垩白粒率 10.0%，垩白度 3.1%，胶稠度 90 毫米，直链淀粉含量 14.5%，属半糯类型，为优质食味品种。

（三）栽培技术要点

1. 适时播种，培育壮秧

一般 5 月上中旬播种，机插育秧 5 月下旬播种。每亩净秧板播量 20 千克左右，旱育秧每亩净秧板播量 40~50 千克，塑盘育秧每盘

100~120 克，每亩大田用种量 3~4 千克。

2. 适时移栽，合理密植

移栽稻秧龄控制在 30 天左右，机插稻秧龄控制在 18~20 天，亩栽 1.6 万~1.8 万穴，每亩茎蘖苗 7 万~8 万。

3. 科学肥水管理

一般亩施纯氮 16~18 千克，肥料运筹上掌握“前重、中稳、后补”的原则，基蘖肥、穗肥比例以 7：3 为宜，为保持其优良食味品质，宜少施氮肥，注重磷钾肥的配合施用，多施有机肥，特别是后期尽量不施氮肥，施好促花肥、保花肥。前期薄水勤灌促进早发，中期干湿交替强杆壮根，后期湿润灌溉活熟到老，收获前 7~10 天断水，切忌断水过早。

4. 病虫草害防治

播种前用药剂浸种预防恶苗病和干尖线虫病等种传病害，秧田期和大田期注意灰飞虱、稻蓟马等的防治，中后期要综合防治纹枯病、螟虫、稻纵卷叶螟、稻飞虱等，特别要注意黑条矮缩病、穗颈稻瘟病和纹枯病的防治。

二、武运粳 27 号

武运粳 27 号，原名“武运 2743”，由江苏（武进）水稻研究所、江苏中江种业股份有限公司以加 45（浙江）/9520//武运粳 21 号，于 2007 年育成，属中熟中粳稻品种。2012 年通过江苏省品种审定（苏审稻 201209），适宜在江苏省苏中地区作迟播种植。

（一）特征特性

株型较紧凑，群体整齐度好，抗倒性强，后期转色好，落粒性中等，分蘖力较强，叶色较绿。省区试平均结果：每亩有效穗 21.5 万，每穗实粒数 116.7 粒，结实率 92.8%，千粒重 26.4 克，株高 92.4 厘米，全生育期 145.4 天，较对照徐稻 3 号迟 2 天。接种鉴定：感穗颈瘟，中感白叶枯病，高感纹枯病，抗条纹叶枯病。

（二）产量与品质

2009—2010 年参加江苏省区试，两年区试平均亩产 600.51 千克，较对照徐稻 3 号增产 3.06%，2009 年较对照增产不明显，2010 年较对照增产显著，2011 年生产试验平均亩产 624.09 千克，较对照镇稻 88 增产 7.4%。

米质理化指标据农业部食品质量检测中心 2009 年检测，整精米率 69.4%，垩白率 30%，垩白度 1.8%，胶稠度 80.0 毫米，直链淀粉含量 17.2%，达国标三级优质稻谷标准。

（三）栽培技术要点

1. 适时播种，培育壮秧

一般在 5 月下旬播种，并按实际移栽期分期播种，最迟不超过 6 月 15 日播种，每亩净秧板播种量 30~35 千克，每亩大田用种量 3~4 千克；机插秧每盘播净种 120 克左右，播后保持湿润。

2. 适时移栽，合理密植

一般 6 月上中旬移栽，秧龄控制在 20 天以内，机栽密度行株距 30 厘米×11.7 厘米，基本苗 6 万~7 万。

3. 科学肥水管理

一般亩施纯氮 18~20 千克，注意磷、钾肥配比施用，肥料运筹采用施足基肥，早施分蘖肥，确保在有效分蘖临界期总茎蘖数达 20 万以上，穗肥施用以促为主，促保兼顾。水浆管理上做到薄水机栽，浅水促蘖，足苗搁田，后期湿润灌溉，确保活熟到老。

4. 病虫草害防治

播种前用药剂浸种防治恶苗病和干尖线虫病等种传病害，秧田期和大田期注意防治灰飞虱、稻蓟马，治虫防病，中后期要综合防治，纹枯病、螟虫、稻飞虱等，抽穗扬花期的综合防治穗颈瘟，稻曲病等穗部病害。要注意黑条矮缩病、穗颈稻瘟的防治。

三、连粳 10 号

连粳 10 号原名“连粳 07-19”，由连云港市农业科学院以连粳 321/ 浙 405，于 2008 年育成，属中熟中粳稻品种。2012 年通过江苏省品种审定（苏审稻 201208）。适宜在江苏省苏中地区作迟播种植。

（一）特征特性

株型紧凑，穗型较大，群体整齐度较好，熟期转色好，抗倒性较强。省区试平均结果：每亩有效穗 20.1 万，每穗实粒数 124.0 粒，结实率 95.1%，千粒重 26.2 克，株高 103.4 厘米，全生育期 143.0 天，与对照相当；接种鉴定：感穗颈瘟，中感白叶枯病，感纹枯病，抗条纹叶枯病。

（二）产量与品质

2009—2010 年参加江苏省区试，两年平均亩产 617.93 千克，较对照徐稻 3 号增产 6.05%，两年较对照增产均达极显著水平；2011 年生产试验平均亩产 630.65 千克，较对照增产 8.5%。

米质理化指标根据农业部食品质量检测中心 2010 年检测：整精米率 66.5%，垩白粒率 40.0%，垩白度 4.4%，胶稠度 80.0 毫米，直链淀粉含量 18.8%，米质较优。

（三）栽培技术要点

1. 适时播种，培育壮秧

5 月下旬开始播种，最迟不超过 6 月 15 日播种，每亩大田用种量 3~4 千克。

2. 适时移栽，合理密植

一般 6 月上中旬移栽，秧龄控制在 20 天以内，提倡机插，基本苗控制在 6 万~7 万。

3. 科学肥水管理

一般亩施纯氮 20~25 千克，注意磷钾肥配比施用，肥料运筹施足基肥，早施分蘖肥，基蘖肥、穗肥比例以 7∶3 为宜，穗肥施用以促为主，促保兼顾。水浆管理上，薄水机栽，浅水促蘖，够苗搁田，后期湿润灌溉，干湿交替，确保活熟到老，收割前 7~10 天断水。

4. 病虫草害防治

播前用药剂浸种预防恶苗病和干尖线虫病等种传病害，秧田期和大田期注意灰飞虱、稻蓟马等的防治，中后期要综合防治纹枯病、螟虫、稻纵卷叶螟、稻飞虱等，要注意黑条矮缩病、穗颈稻瘟的防治。

四、武运粳 21 号

武运粳 21 号原名“武运 2330”，由常州市武进区农业科学研究所以运 9707/ 运 9726 杂交，于 2003 年育成，属中熟中粳稻品种。2007 年通过江苏省品种审定（苏审稻 200705）。适宜在淮北及淮南迟播种植，尤其适宜轻简栽培。

（一）特征特性

全生育期 151 天、株高 97 厘米左右，比对照镇稻 88 早熟 4 天、稍矮。株型紧凑，长势较旺，穗型中等，分蘖性中等，叶色中绿，群体整齐度好，后期熟色较好、抗倒性强。每亩有效穗 19 万左右，每穗实粒数 126 粒左右，结实率 89%左右，千粒重 26 克左右。接种鉴定中感白叶枯病，感穗颈瘟，高感纹枯病；条纹叶枯病 2005—2006 年田间种植鉴定最高穴发病率 19.5%（感病对照两年平均穴发病率 87.6%）。

（二）产量与品质

2005—2006 年参加江苏省区试，两年平均亩产 566.8 千克，较对照镇稻 88 减产 0.1%。2005 年增产不显著，2006 年减产不显著；2006 年生产试验平均亩产 607.5 千克，较对照增产 3.7%。

米质理化指标经农业部食品质量检测中心 2005 年检测，整米率 67.2%，垩白率 16.0%，垩白度 2.4%，胶稠度 71.0 毫米，直链淀

粉含量16.2%，达到国家优质二级稻谷标准。

（三）栽培技术要点

1. 适当密植，确保基本苗

由于该品种分蘖性较差，适当密植、确保基本苗是武运粳21号获得高产的前提。人工育苗移栽的，一般5月上中旬落谷，大田亩用种4千克，秧田与大田之比1∶6~8，秧龄30~35天，大田移栽规格13.3厘米×（23.3~26.7）厘米。每亩须栽足2万穴，每穴3~4苗，确保基本苗达7万~8万。如果用于直播一般6月5—10日播种，亩用种6~7千克以确保基本苗（直播必须精耕细作讲究播种技术以免影响好种子出苗，切忌旱直播大耕大撒和播种过深）；机插秧在5月下旬落谷，秧龄20天以内即6月15日前机插移栽，机插密度要求不低于2万穴。

2. 科学肥水管理

该品种耐肥能力强，大田亩施纯氮17~18千克，并注意磷、钾肥的配合施用，穗肥要适时适度重施（基蘖肥与穗肥比例6∶4），使齐穗后田间群体剑叶长度略超出穗层高度，有利于高产潜力的发挥；前期浅水勤灌促早发，中期适时适度分次搁田保稳长，后期干湿交替，养根养叶保活熟。

3. 及时防治好病虫草害

播前药剂浸种防治恶苗病和干尖线虫病等种传病害，秧田期和大田期注意防治灰飞虱、稻蓟马，中、后期要防治好穗颈瘟、纹枯病、三化螟、纵卷叶螟、稻飞虱等。

五、扬育粳2号

扬育粳2号，由盐城市盐都区农业科学研究所以盐稻7号/徐稻3号，于2006年育成，属迟熟中粳稻品种。2011年通过江苏省品种审定（苏审稻201113）。适宜在江苏省苏中及宁镇扬丘陵地区种植。

（一）特征特性

株型紧凑，长势较旺，穗型中等偏上，分蘖力较强，叶色淡绿，群体整齐度较好，后期熟相好，抗倒性中等。省区试平均结果：每亩有效穗 20.5 万，每穗实粒数 119.3 粒，结实率 90.2%，千粒重 28.2 克，株高 99.8 厘米，全生育期 156.4 天，比对照迟熟 3 天左右；接种鉴定：感穗颈瘟，中感白叶枯病，中感纹枯病，抗条纹叶枯病。

（二）产量与品质

2008-2009 年参加江苏省区试，两年平均亩产 616.2 千克，较对照淮稻 9 号增产 3.7%，2008 年增产显著，2009 年增产极显著；2010 年生产试验平均亩产 605.0 千克，较对照增产 5.12%。

米质理化指标根据农业部食品质量检测中心 2010 年检测：整精米率 71.0%，垩白粒率 35.0%，垩白度 2.8%，胶稠度 87.0 毫米，直链淀粉含量 16.7%，食味较好。

（三）栽培技术要点

1. 适时播种，培育壮秧

一般 5 月上中旬播种，湿润育秧每亩净秧板播种量 20~30 千克，秧龄 30 天左右，旱育秧每亩净秧板播种量 35~40 千克，秧龄控制在 40 天。

2. 适时移栽，合理密植

6 月中旬移栽，一般大田每亩栽插 2 万穴，每穴 3~4 苗，每亩基本苗 7 万~8 万。

3. 科学肥水管理

一般亩施纯氮 18~20 千克，肥料运筹上掌握“前重、中稳、后补”的施肥原则，基蘖肥、穗肥比例以 6∶4 为宜，基肥以有机肥为主，注重磷钾肥的配合施用，早施穗肥，适当增施钾肥。水浆管理做到薄水栽插，浅水分蘖，寸水抽穗扬花，后期干湿交替，每亩总茎蘖数达 20 万左右时，分次适度搁田，每亩高峰苗控制在 28 万左

右，齐穗后干湿交替，成熟前一周内断水。

4. 病虫草害防治

播种前用药剂浸种预防恶苗病和干尖虫病等种传病害，秧田期和大田期注意灰飞虱、稻蓟马等的防治，中、后期要综合防治纹枯病、螟虫、稻纵卷叶螟、稻飞虱等，注意穗颈稻瘟、白叶枯病的防治。

六、扬粳 805

“扬粳 805”由江苏里下河地区农业科学研究所和江苏金土地种业有限公司以香粳 49/盐 187//香粳 111///镇稻 99/9363 杂交，于 2008 年育成，属迟熟中粳稻品种。2013 年通过江苏省品种审定（苏审稻 201307）。适宜江苏省苏中及宁镇扬丘陵地区种植。

（一）特征特性

扬粳 805，株型紧凑，长势较旺，分蘖力较强，叶色浅绿，叶姿较挺，抗倒性较强，熟期转色较好。省区试平均结果：每亩有效穗 21. 3 万，每穗实粒数 110. 4 粒，结实率 93. 8%，千粒重 27. 2 克，株高 100. 5 厘米，全生育期 153 天，较对照迟熟 1 天左右；接种鉴定：中抗穗颈瘟，中抗白叶枯病，感纹枯病，中感条纹叶枯病。

（二）产量与品质

2010~2011 年参加江苏省区试，两年区试平均亩产 615. 5 千克，较对照淮稻 9 号增产 7. 6%，两年增产均达极显著水平；2012 年生产试验平均亩产 652. 2 千克，较对照增产 7. 4%。

米质理化指标根据农业部食品质量检测中心 2012 年检测：整精米率 74. 9%，长宽比 1. 7，垩白粒率 20%，垩白度 1. 4%，直链淀粉含量 17. 0%，胶稠度 80 毫米，达到国标二级优质稻谷标准。

（三）栽培技术要点

1. 适期播种，培育壮秧

一般 5 月上中旬播种，机插育秧 5 月下旬播种，湿润育秧每亩秧田播种量 20 千克左右，旱育秧每亩秧田播种量 30 千克左右，机插育秧每亩移栽大田用种量 2.5 千克左右。

2. 适时移栽，合理密植

一般 6 月上中旬移栽，秧龄控制在 30 天左右，机插育秧 18~20 天，每亩大田栽插 2 万穴左右，每亩基本苗 7 万~8 万。

3. 科学肥水管理

一般亩施纯氮 18 千克左右，肥料运筹上采取“前重、中控、后补”的原则，并重视磷钾肥和有机肥的配合施用。水浆管理上注意浅水栽插，寸水活棵，薄水分蘖，足苗后适时分次搁田，后期干干湿湿，养根保叶，活熟到老，收割前 1 周断水。

4. 病虫草害防治

播种前用药剂浸种预防恶苗病和干尖线虫病等种传病害，秧田期和大田前期注意防治灰飞虱、稻蓟马，中后期综合防治纹枯病、稻曲病、穗颈瘟、螟虫、稻纵卷叶螟等，同时注意黑条矮缩病、白叶枯病的防治。

七、盐粳 13 号

盐粳 13 号，原名“盐 9029”，由盐城市盐都区农业科学研究所以武运粳 21/盐粳 10 号，于 2009 年育成，属迟熟中粳稻品种。2014 年通过江苏省品种审定（苏审稻 201408）。适宜江苏省苏中及宁镇扬丘陵地区种植。

（一）特征特性

株型紧凑，长势较旺，穗型中等偏上，分蘖力较强，叶色淡绿，剑叶挺拔，群体整齐度较好，穗立形态半直立，后期灌浆速度快，熟色较好。省区试平均结果：每亩有效穗 21.08 万，每穗实粒数 121.7 粒，结实率 94.7%，千粒重 26.8 克，株高 101.1 厘米，抗倒性强，全生育期 154.6 天，与对照相当。接种鉴定：感白叶枯病，感纹枯病，抗条纹叶枯病；综合鉴定：感穗颈瘟。

（二）产量与品质

2011—2012 年参加江苏省区试，两年平均亩产 651.9 千克，比对照淮稻 9 号增产 5.4%，两年增产均达极显著水平；2013 年生产试验平均 622.3 千克，比对照淮稻 9 号增产 4.7%。

米质理化指标根据农业部食品质量检测中心 2012 年检测：整精米率 76.8%，垩白率 12%，垩白度 1.1%，胶稠度 89 毫米，直链淀粉 15.6%，达国标二级优质稻谷标准。

（三）栽培技术要点

1. 适时播种，培育壮秧

一般 5 月上、中旬播种，湿润育秧亩播种量 20~30 千克，旱育秧亩播量 35~40 千克，机插秧 5 月 25 日左右播种，大田亩用种量 3.0~3.5 千克。秧田施足基肥，早施断奶肥，巧施送嫁肥，培育适龄带蘖壮秧。

2. 适时移栽，合理密植

一般 6 月上、中旬移栽，中上等肥力田块每亩栽 1.7 万穴左右，基本苗 5 万~6 万；肥力较差的田块栽 1.8 万~2.0 万穴，基本苗 6 万~8 万。湿润秧秧龄控制在 30 天左右，旱育秧秧龄以 25 天为宜，机插秧秧龄控制在 18~20 天。

3. 科学肥水管理

一般亩施纯氮 18~20 千克，肥料运筹掌握“前重、中稳、后补”的原则，早施分蘖肥，在中期稳健的基础，适时施好穗肥，并适当增施 K 肥。基蘖肥与穗肥以 6∶4 为宜，基肥以有机肥为主，搭配磷、钾肥。水浆管理做到薄水栽秧，浅水分蘖，寸水抽穗扬花，后期干湿交替，总茎蘖数达 20 万左右时，分次适度搁田，后期湿润灌溉，成熟后 7~10 天断水，切忌断水过早。

4. 病虫草害防治

播种前用药剂浸种，防治恶苗病和干尖虫病等种传病虫害，秧田期集中防治稻蓟马、灰飞虱，中、后期综合防治纹枯病、螟虫、稻飞虱、稻瘟病等。特别要注意穗颈稻瘟、白叶枯病和纹枯病的防治。

八、淮稻18号

淮稻18号是由江苏徐淮地区淮阴农业科学研究所和淮阴师范学院以淮66/徐23121杂交，于2010年育成，属迟熟中粳稻品种。2015年通过江苏省品种审定（苏审稻201505）。适宜江苏省苏中地区及宁镇扬丘陵地区种植。

（一）特征特性

株型紧凑，长势较旺，穗型中等，分蘖力较强，叶色中绿，后期灌浆快，熟色好，抗倒性较强。省区试平均结果：每亩有效穗22.4万，每穗实粒数114.1粒，结实率93.8%，千粒重28.3克，株高96.0厘米，全生育期154.6天，比对照淮稻9号迟熟2天。病害鉴定：穗颈瘟损失率3级、穗颈瘟综合抗性指数4.25，中感白叶枯病，抗纹枯病、条纹叶枯病。

（二）产量与品质

2012~2013年参加江苏省区试，两年平均亩产691.8千克，比对照镇稻14号增产6.5%；2014年生产试验平均亩产658.0千克，比对照淮稻9号增产13.5%。

米质理化指标经农业部食品质量检测中心2014年检测：整精米率73.7%，垩白率11%，垩白度3.2%，胶稠度69毫米，直链淀粉含量18.2%，达到国标三级优质稻谷标准。

（三）栽培技术要点

1. 适期播种，培育壮秧

一般5月中旬播种，湿润育秧每亩净秧板播量20~30千克，旱育秧每亩净秧板播量40千克左右。机插秧5月20—25日播种，每亩用种量3.0千克。

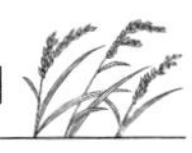

2. 适时移栽，合理密植

6月上中旬移栽，中上等肥力田块每亩栽1.8万穴，基本苗6万~7万；肥力较差的田块栽2.0万穴左右，基本苗7万~8万。湿润育秧秧龄控制在30天左右，旱育秧秧龄以35天为宜，机插秧秧龄控制在18~20天。

3. 科学肥水管理

一般亩施纯氮20千克，早施分蘖肥，在中期稳健的基础上，适时施好穗肥。基蘖肥与穗肥比例以5.5∶4.5为宜；水浆管理掌握前期浅水勤灌，当茎蘖数达到24万左右时，分次适度搁田，后期湿润灌溉，成熟后7~10天断水，切忌断水过早。

4. 病虫草害防治

播前用药剂浸种防治恶苗病和干尖线虫病等种传病虫害，秧田期和大田期注意灰飞虱、稻蓟马等的防治，中、后期要综合防治纹枯病、稻瘟病、螟虫、稻飞虱等。

第三章 “三品”优质水稻生产技术

第一节 “三品”优质水稻的概念

一、无公害稻米、绿色食品稻米、有机食品稻米的涵义

（一）无公害稻米、绿色食品稻米、有机食品稻米的概念

1. 无公害稻米

无公害稻米是指符合无公害质量标准的生态环境条件下，按规定的生产操作规程生产加工，限量使用限定的化学合成物质，稻米质量及包装经检测、检查，符合特定标准，农药、重金属等有毒有害物质控制在安全允许范围内，并经专门机构认定，许可使用无公害食品标志的稻米及其加工产品。

2. 绿色食品稻米

绿色食品稻米是指遵循可持续发展的原则，按照特定的农业生产方式生产，经专门机构认定、许可使用绿色食品标志商标的无污染安全、优质、营养类稻米及其产品。绿色食品稻米根据其安全性和认证指标要求，可分为两个等级，即AA级和A级绿色食品稻米。目前我国绿色食品是执行农业部批准的绿色食品稻米标准，其中A级目标要求达到“优质、安全、营养”，其AA级与国际有机稻米接轨的。

AA级绿色食品稻米是指产地的环境质量符合NY/T391—2013《绿色食品产地环境质量标准》要求，生产过程中不使用化学合成的肥料、农药、食品添加剂和其他有害于环境和身体健康的物质，按

有机生产方式生产，产品质量符合绿色食品稻米产品标准，经专门机构认定，许可使用AA级绿色食品标志的稻米产品。

A级绿色食品稻米是指产地的环境质量符合NY/T391—2013《绿色食品产地环境质量标准》要求，生产过程中严格按照绿色食品生产资料使用准则和生产操作规程要求，限量使用限定的化学合成生产资料，产品质量符合绿色食品稻米产品标准；经专门机构认定，许可使用A级绿色食品标志的稻米产品。

3. 有机食品稻米

有机食品稻米是指来自于有机农业生产体系，根据有机农业生产要求和相应的标准生产加工的，并通过独立的有机食品认证机构认证的无污染、无残留、无毒、优质、富营养型稻米。有机食品是按国际有机食品协会的标准执行的，在生产过程中，不允许使用任何化学合成产品，如农药和化肥。

（二）无公害稻米、绿色食品稻米、有机食品稻米的关系

（1）无公害农产品、绿色食品、有机食品都是经质量认证的安全农产品。

（2）无公害农产品是绿色食品和有机食品发展的基础，绿色食品和有机食品是在无公害农产品基础上的进一步提高。

（3）无公害农产品、绿色食品、有机食品都注重生产过程的管理，无公害农产品和绿色食品侧重对影响产品质量因素的控制，有机食品侧重对影响环境质量因素的控制。

（三）无公害稻米、绿色食品稻米、有机食品稻米的区别

1. 发展方向不同

有机稻米的开发是严格与国外有机稻米接轨的，有的是与国外相关机构合作的。绿色食品稻米最初的发展动机是立足于国内，适当兼顾国外市场需求。无公害稻米的发展动机是立足于“米袋子”工程，建立放心稻米生产基地，为消费者提供放心稻米产品，满足国内大部分市场需求，其贸易的主体市场目前主要是国内。绿色食

品稻米和无公害稻米两者都没有充分考虑与国际接轨的问题，因而符合国际标准的 AA 级绿色稻米少，影响了稻米出口。经过多年的发展，中国的绿色食品稻米获得了国际社会的认可，但从标准上看，只有 AA 级绿色食品稻米才相当于国外的有机稻米。尽管如此，中国的绿色食品稻米不能以有机稻米的名义出口，国外贸易商也不以有机稻米的价格接受，而是低于有机稻米的价格收购。

2. 标准规范不同

无公害食品稻米按无公害生产技术规程生产，全程进行安全生产条件约束和限制。绿色食品稻米按绿色食品生产技术规程生产，按许可使用的农资产品限时限量使用限定的化学合成物质。有机食品按有机农业生产要求和标准进行生产，禁止使用化学合成物质及转基因物质。

3. 质量认证不同

无公害食品稻米由省级无公害农产品管理与认证部门审批。绿色食品稻米由中国农业部绿色食品发展中心审批。有机食品稻米由中国有机食品发展中心审批。

4. 产品标识不同

无公害稻米、绿色食品稻米、有机食品稻米分别使用无公害农产品、绿色食品、有机食品各自不同的、具有特殊代表意义的、经国家注册的可在商品包装与商标同时使用的专用标志。

5. 市场准入不同

无公害食品稻米以国内大、中、小城市、城镇、集贸市场为主。绿色食品稻米以国外及国内大中城市为主。有机食品稻米以国外发达国家及国内城市和港澳特区为主。

二、优质水稻的定义

（一）优质稻米的品质

优质稻米指具有良好的外观、蒸煮、食用以及营养较高的商品

大米。优质稻米的品质包括碾米品质、外观品质、蒸煮与食用品质、食味品质、贮藏加工品质、营养及卫生品质。

1. 碾米品质

碾米品质指稻谷在砻谷出糙、碾米出精等加工过程中所表现的特性，通常指的是稻米的出糙率、精米率及整精米率，而其中精米率是稻米品质中较重要的一个指标。精米率高，说明同样数量的稻谷能碾出较多的米，稻谷的经济价值高；整精米率的高低关系到大米的商品价值，碎米多商品价值就低。一般稻谷的精米率在70%左右，整精米率一般在25%~65%。

2. 外观品质

稻米的外观品质是指糙米籽粒或精米籽粒的外表物理特性。具体是指稻米的大小、形状及外观色泽。稻米的大小主要相对稻米的千粒重而言，形状则指稻米的长度、宽度及长宽比。稻米的外观主要指稻米的垩白有无及胚乳的透明度，垩白包括心白、背白和腹白。

（1）稻米的大小和形状。世界各地的消费者对稻米的大小和形状的要求各不相同。美国、法国及欧洲的消费者喜欢长粒型稻米；在亚洲，印度喜欢长粒米，东南亚则喜爱中等或偏长粒型的米粒；而在温带地区却是短粒米较受欢迎。在中国长江以北喜爱吃短粒型的粳米，长江以南大部分地区喜欢长粒型的籼稻米。目前，在国际市场上，米粒为长粒型的大米更受欢迎。

（2）稻米的垩白大小。稻米的垩白大小是稻米的外观品质和稻米的商品价值中十分重要的经济性状，垩白是由于稻谷在灌浆成熟阶段中胚乳中淀粉和蛋白质积累较快，填塞疏松所造成的。垩白的大小用垩白率表示。垩白率是稻米的垩白面积占稻米总面积的比率，比率越大，垩白则大，在碾米时易产出较多的碎米，从而影响稻米的整精米率及商品价值。腹白的大小直接影响稻米胚乳的透明度，从而影响稻米的外观。腹白除品种本身的性状决定外，影响的主要环境因子是外界温度。灌浆期如果温度增加较快，稻米的腹白也会增加，温度降低则腹白越少，胚乳的透明度也较好。垩白度和胚乳的透明度属遗传性状，但环境也有一定的影响。育种工作者能在较早世代中有目的地选择无垩白和半胚乳的稻米品种，能有效地改善大米的外观品质，这对提高稻米的商品价值起十分重要的作用。

3. 蒸煮与食用品质

稻米的蒸煮与食用品质指稻米在蒸煮过程中所表现的各种理化及感官特性，如吸水性、溶解性、延伸性、糊化性、膨胀性等。

稻米中含有90%的淀粉物质，而淀粉包括直链淀粉和支链淀粉两种，淀粉的比例不同直接影响稻米的蒸煮品质，直链淀粉黏性小，支链淀粉黏性大，稻米的蒸煮及食用品质主要从稻米的直链淀粉含量、糊化温度、胶稠度、米粒延伸度等几个方面来综合评定。

（1）直链淀粉含量。直链淀粉含量较高的大米，需水量较大，米粒的膨胀较好即通常说的饭多。同时，由于支链淀粉含量相对较少，使蒸煮的米饭黏性减少，因而柔软性差，光泽少，饭冷却后质地生硬。糯米中几乎不含有直链淀粉（含量在2%以下），因而在蒸煮时体积不发生膨胀，蒸煮的饭有光泽且富极强的黏性。普通大米的直链淀粉含量可分为三种类型，即高含量（25%以上）、中等含量（20%~25%）和低含量（10%~20%），目前，国际和国内市场上中等直链淀粉含量的大米普遍受到欢迎，主要是由于这类型的大米蒸、煮的米饭滋润柔软，质地适中，饭冷却后不回生。在泰国和老挝部分地区，人们喜爱吃糯米，在中国北方，以直链淀粉含量相对较低的粳稻为主食大米，而中国南方居民喜爱吃直链淀粉含量中等的大米，两广及海南等部分地区则是直链淀粉含量相对较高的大米更受欢迎。

（2）糊化温度。糊化温度是大米中淀粉的一种物理性状，它是指淀粉粒在热水中吸收水分开始不可逆性膨胀时的温度。糊化温度过低的稻米，蒸煮时所需的温度低，糊化温度高的所需蒸煮温度较高，吸水量较大且蒸煮时间长。中等糊化温度的大米介于两者之间，普遍受到消费者的喜爱。糊化温度受稻谷成熟时的环境因素影响

较大。

（3）胶稠度。胶稠度是稻米淀粉胶体的一种流体特性，它是稻米胚乳中直链淀粉含量以及直链淀粉和支链淀粉分子性质综合作用的反应。胶稠度是评价米饭的柔软性的一个重要性状，是指米胶冷却后的粘稠度，它可分为硬、中、软三种类型，并与稻米的直链淀粉含量有关。一般低直链淀粉含量和中等直链淀粉含量的品种具软的胶稠度，高直链淀粉含量的品种其胶稠度存在很大的差异，胶稠度软的品种蒸、煮的米饭柔软、可口、冷却后不成团，不变硬，因而普遍受到消费者的喜爱。

4. 食味品质

包括气味、色泽、饭粒粒形、冷饭柔软和味。优质稻米蒸煮后应有清香、饭粒完整、洁白有光泽、软而不黏、食味好、冷后不硬。

5. 贮藏加工品质

生产的稻谷或者大米除了直接供给消费者外，大部分需要贮藏起来，有的贮藏时间长达几年，短的也有几个月，因为贮藏条件的不同，稻米经过一段时间的贮藏后，胚乳中的一些化学成分发生变化，游离脂肪酸会增加，淀粉组成细胞膜发生硬化，米粒的组织结构随之发生变化，使稻米在外观及蒸煮食味等方面发生质变，即所谓陈化。稻米的贮藏品质优良，即在同一贮藏条件下，不容易发生“陈化”，也就是我们通常说的耐贮藏。稻米的贮藏品质与稻米本身的性质、化学成分、淀粉细胞结构、水分特性以及酶的活性有关。这些特性之间的差异，就造成了稻米耐贮藏性能之间的差异。另外，稻谷收割时的打、晒、运等操作方法及机械对稻谷果皮的伤害也影响稻米的耐贮藏性能，当然，贮藏时，环境的温度及湿度等都对稻米的贮藏有一定影响；此外，稻米有硬质和软质之分，硬质稻米比软质稻米更耐贮藏。

大米的加工品质主要是指稻谷中异品种的含量而影响稻米的品质。因为不同品种之间，其加工产生的精米率及整精米率都不同，而且在米粒大小、形状上也不一致，严重影响了稻米的外观品质。优质稻米必须是利用纯种生产出的稻谷加工而成。此外，还应尽量避免混杂。

6. 营养及卫生品质

评价稻米的营养品质主要依靠稻米中蛋白质和必需氨基酸的含量及组成来衡量。大米中蛋白质的含量一般在7%左右，而米糠中蛋白质的含量高达13%~14%。另外，米胚中含有多种维生素和优质蛋白、脂肪，因而它的营养价值较普通大米高。不同品种的大米，其氨基酸的组成及含量各不相同，但主要含有赖氨酸及苏氨酸，另外还有少量色氨酸、亮氨酸、异亮氨酸、苯丙氨酸、缬氨酸等人体必需氨基酸。

稻米的卫生品质主要是指稻米中有无残留有毒物及其含量的高低，有无生霉变质等情况，必须附合国家食品卫生标准。

（二）优质稻谷质量指标

我国优质稻谷的质量指标执行国家GB/T17891—1999质量标准（表3-1）。2000年3月21日国家质量技术监督局发文（质技监标函〔2000〕44号）作了部分修改。食味品质指标分别将籼稻谷一、二、三等、粳稻谷一、二、三等、籼糯稻谷、粳糯稻谷的9、8、7、9、8、7、7、7改为90、80、70、90、80、70、70、70；将定级内容改为以整精米率、垩白度、直链淀粉含量、食味品质为定级指标，应达到表3-1的规定；出糙率、垩白粒、胶稠度、粒型、不完善粒、异品种率等指标中，如有两项（含两项）以上指标不合格但不低于下一个等级指标的降一级定等，任何一项指标达不到三级要求时，不能作为优质稻谷。

表 3-1 优质稻谷质量指标（GB/T17891—1999）

类别	等级	出糙率%≥	整精米率%≥	垩白粒率%≤	垩白度%≤	直链淀粉（干基）%	食味品质分≥	胶稠度≥	粒型（长宽比）≥	不完善粒%≤	异品种粒%≤	黄粒米%≤	杂质%≤	水分%≤	色泽气味
籼稻谷	1	79	56	10	1	17.0~22.0	90	70	2.8	2	1	0.5	1	13.5	正常
	2	77	54	20	3	16.0~23.0	80	60	2.8	3	2	0.5	1	13.5	正常
	3	75	52	30	5	15.0~24.0	70	50	2.8	5	3	0.5	1	13.5	正常
粳稻谷	1	81	66	10	1	15.0~18.0	90	80	—	2	1	0.5	1	14.5	正常
	2	79	64	20	3	15.0~19.0	80	70	—	3	2	0.5	1	14.5	正常
	3	77	62	30	5	15.0~20.0	70	60	—	5	3	0.5	1	14.5	正常
籼糯稻谷	—	77	54	—	—	≤2.0	70	100	—	5	3	0.5	1	13.5	正常
粳糯稻谷	—	80	60	—	—	≤2.0	70	100	—	5	3	0.5	1	14.5	正常

第二节 无公害优质水稻生产技术

一、无公害水稻生产标准

无公害水稻生产标准，本节引用江苏省质量技术监督局 1999 年颁布的无公害农产品（食品）江苏省地方标准，包括无公害农产品（食品）产地环境要求（DB32/T343.1—1999）、无公害农产品（食品）生产技术规范（DB32/T343.2—1999）、无公害农产品（食品）

产品安全标准（DB32/T343.3—1999），优质稻米品质标准引用国家优质稻谷（GB/T17891—1999）。如国家或江苏省地方政府有颁布新的标准和要求，请按新标准和要求执行。

（一）无公害水稻生产的产地环境质量要求

无公害水稻生产的产地应该选择在无污染和生态条件良好的地区，产地应远离工矿区和公路、铁路干线、避开工业和城市污染源，具有可持续的生产能力。

1. 产地大气环境质量要求

无公害稻米产地大气中各项污染物含量要求见表3-2。

表3-2　大气中各项污染物的含量指标

项目	日平均浓度	1小时平均浓度	季平均浓度
总悬浮颗粒物（毫米/立方米）	≤0.3		
二氧化硫（毫克/立方米）	≤0.15	≤0.50	
氮氧化物（毫克/立方米）	≤0.10	≤0.15	
氟化物（微克/立方分米·日）	≤10.0		
铅（毫克/立方米）			≤1.50

2. 农田灌溉水质要求

无公害稻米产地农田灌溉水中各项污染物的含量要求见表3-3。

表3-3　农田灌溉水中各项污染物的含量指标

项目	浓度限值（毫克/升）
氯化物	≤250

续表

项目	浓度限值（毫克/升）
氰化物	≤0.5
氟化物	≤3.0
总铜	≤1.0
总锌	≤2.0
总汞	≤0.001
总铅	≤0.1
总镉	≤0.005
铬（六价）	≤0.1
生化需氧量（BOD_5）	≤80
化学需氧量（CODcr）	≤200
凯氏氮	≤12
总磷（以 P 计）	≤5
总砷	≤0.05
pH 值	≤5.5~8.5

注：在沿海地区，氯化物指标允许根据地方水域背景特征适当调整

3. 土壤环境质量要求

无公害稻米产地土壤中的各项污染物含量要求见表 3-4。

表 3-4　稻田中各项污染物的含量指标

项目	pH<6.5	pH=6.5~7.5	pH=7.5
汞（毫克/千克）	≤0.30	≤0.5	≤1.0
砷（毫克/千克）	≤30	≤25	≤20
铅（毫克/千克）	≤250	≤300	≤350
镉（毫克/千克）	≤0.30	≤0.30	≤0.60
铬（毫克/千克）	≤250	≤300	≤350
铜（毫克/千克）	≤50	≤100	≤100

续表

项目	pH<6.5	pH=6.5~7.5	pH=7.5
六六六（毫克/千克）	≤0.50	≤0.50	≤0.50
滴滴涕（毫克/千克）	≤0.50	≤0.50	≤0.50

（二）无公害水稻生产的肥料使用准则

1. 禁止使用未经国家或省级农业部门登记的化学或生物肥料

2. 肥料使用总量（尤其是氮肥总量）必须控制在土壤地下水硝酸盐含量在40毫克/升以下

3. 必须按照平衡施肥技术，以优质有机肥为主

以生活垃圾、污泥、畜禽粪便等为主要有机肥料生产的商品有机肥或有机无机肥，每年每亩施用量不得超过200千克，其中主要重金属含量指标见表3-5。

表3-5　商品有机肥或有机无机肥中主要重金属含量指标

项目	指标（毫克/千克）
砷（以As计）	≤20
镉（以Cd计）	≤200
铅（以Pb计）	≤100

4. 肥料施用结构中，有机肥所占比例不得低于1∶1（纯养分比较）

5. 允许施用的肥料种类

（1）有机肥：堆肥、沤肥、厩肥、沼气肥、绿肥、作物秸秆、泥肥、饼肥。

（2）无机肥料：矿物氮肥、矿物钾肥、矿物磷肥（磷矿粉）和石灰石；按农技部门指导的平衡施肥技术方案配制的氮肥、磷肥、钾肥以及其他符合要求的无机复混（合）肥。

（3）微生物肥料：根瘤菌肥料、固氮菌肥料、磷细菌肥料、硅酸盐细菌肥料、复合微生物肥料、光合细菌肥料。

（4）叶面肥料：以大量元素、微量元素、氨基酸、腐殖酸、精

致有机肥中一种为主配制成的叶面喷施的肥料。微量元素肥料为铜、铁、锰、锌、硼、钼等微量元素及有益元素为主配的肥料。植物生长辅助肥料为用天然有机提取液或接种有益菌类的发酵液，添加一些腐殖酸、藻酸、氨基酸、维生素、糖等配制的肥料。

（5）中量元素肥料：以钙、镁、硫、硅等中量元素肥料配制的肥料。

（6）复混（合）肥料：主要以氮、磷、钾中两种以上的肥料按科学配方配制而成的有机和无机复混（合）肥料。

（三）无公害水稻生产的农药使用准则

（1）提倡生物防治和使用生物生化农药防治。

（2）应使用高效、低毒、低残留农药。

（3）使用的农药应“三证”（农药登记证、农药生产批准证、执行标准号）齐全。

（4）每种有机合成农药在一种作物的生长期内避免重复使用。应选用表3-6、表3-7、表3-8中列出的低毒农药或少量中等毒性农药，如需使用表中未列出的农药新品种，须报经省无公害农产品（食品）管理部门审批。

（5）严格禁止使用剧毒、高毒、高残留或者具有“三致”（致癌、致畸、致突变）的农药（表3-9）。

表3-6 无公害水稻生产中可限制使用的杀虫剂

农药名称	剂型	常用药量〔克/（次·亩）或毫克/（次·亩）或稀释倍数〕	施药方法	最后一次施药离收获的天数（安全间隔期）
乐果	40%乳油	100~120毫升	喷雾	10
敌百虫	90%固体	100克	喷雾	7
喹硫磷	50%乳油	150克	喷雾	14

续表

农药名称	剂型	常用药量〔克/（次·亩）或毫克/（次·亩）或稀释倍数〕	施药方法	最后一次施药离收获的天数（安全间隔期）
杀虫双	25%水剂	250克	喷雾	15
杀螟丹	50%可溶性粉剂	75克	喷雾	21
扑虱灵	25%可湿性粉剂	25克	喷雾	14
杀虫单	3.6%颗粒剂	3000克	撒施	30
吡虫啉	10%可湿性粉剂	50克	喷雾	14
三唑磷	20%乳油	100毫升	喷雾	14
氯唑磷	3%颗粒剂	1000克	拌土撒施	14
杀螟硫磷	50%乳油	75~100毫升	喷雾	20
马拉松	50%乳油	70~120毫升	喷雾	15
仲丁威	50%乳油	80~100克	喷雾	30
西维因	25%粉剂	200~250克	喷雾	15
叶蝉散	25%粉剂	1500克	喷雾	40
速灭威	25%粉剂	200~300克	喷雾	30

表3-7　无公害水稻生产中可限制使用的杀菌剂及植物生长调节剂

农药名称	剂型	常用药量〔克/（次·亩）或毫克/（次·亩）或稀释倍数〕	施药方法	最后一次施药离收获的天数（安全间隔期）
百菌清	75%可湿性粉剂	100克	喷雾	10

续表

农药名称	剂型	常用药量〔克/（次·亩）或毫克/（次·亩）或稀释倍数〕	施药方法	最后一次施药离收获的天数（安全间隔期）
甲基硫菌灵	50%悬浮剂	100毫升	喷雾	30
	70%可湿性粉剂	100克	喷雾	
稻瘟灵	40%乳油	70克	喷雾	早稻14，晚稻28
多菌灵	50%可湿性粉剂	50克	喷雾	30
三环唑	75%可湿性粉剂	20克	喷雾	21
井冈霉素	50%水剂（水溶性粉剂）	100~150毫升	喷雾	14
春雷霉素	2%液剂	75毫升	喷雾	14
多效唑	15%可湿性粉剂	70克（均对水100千克）	喷雾	1叶1心期

表3-8 无公害水稻生产中可限制使用的除草剂

农药名称	剂型	常用药量〔克/（次·亩）或毫克/（次·亩）或稀释倍数〕	施药方法	最后一次施药离收获的天数（安全间隔期）
丁草胺	60%乳油	85毫升	喷雾	水稻插秧前2~天或插秧后4~5天
	5%颗粒剂	1000克	毒土	
快杀稗	50%可温性粉剂	26~55克	喷雾	插秧后5~20天
苄孔磺隆（农得时）	10%可湿性粉剂	13~25克	喷雾或毒土	插秧后5~7天施药，保水1周

续表

农药名称	剂型	常用药量〔克/（次·亩）或毫克/（次·亩）或稀释倍数〕	施药方法	最后一次施药离收获的天数（安全间隔期）
异丙甲草胺（都尔）	72%乳油	100 毫升	土壤处理	播前或播后苗前土壤喷雾
甲草胺	48%乳油	150 毫升	土壤喷雾	播种后芽前喷雾
抛秧净	25%悬浮剂	30~40 克	喷雾	抛秧后7~10 天施药
丁苄	35%可湿性粉剂	80 克	喷雾	秧田、直播田在秧苗立针期，抛秧田在抛后 3~5 天
威霸	6. 9%浓乳剂	40~60 克	喷雾	杂草 2~6 叶期
乐草隆	15%可湿性粉剂	5 克	撒施	插秧后 3~5 天
新代力	10%可湿性粉剂	5~6 克	撒施	插秧后 3~5 天
乙草胺	50%乳油	10 毫升	喷雾	插秧后 3~5 天

表 3-9　无公害水稻生产中禁止使用的化学农药

农药种类	农药名称	禁用原因
无机砷杀虫剂	砷酸钙、砷酸铅	高毒
有机砷杀虫剂	甲基砷酸锌、甲基砷酸铁胺（田安）、福美甲砷、福美砷	高残留
有机汞杀虫剂	氯化乙基汞（西力生）、醋酸苯汞（赛力散）	剧毒、高残留
有机杂环类	敌枯双	致畸
有机氯杀虫剂	滴滴涕、六六六、林丹、艾氏剂、狄氏剂	高残留

续表

农药种类	农药名称	禁用原因
卤代烷类熏蒸杀虫剂	二溴乙烷、二溴氯丙烷	致癌、致畸
有机磷杀虫剂	甲拌磷、乙拌磷、久效磷、对硫磷、甲基对硫磷、甲胺磷、氧化乐果、治螟磷、磷胺、内吸磷、甲基异柳磷、甲基环硫磷	高毒
有机磷杀菌剂	稻瘟净、异稻瘟净	异臭味
氨基甲酸酯杀虫剂	克百威（呋喃丹）、涕灭威、灭多威	高毒
二甲基甲脒类杀螨剂	杀虫脒	慢性毒性致癌
拟除虫菊酯类杀虫剂	所有拟除虫菊酯类杀虫剂	对鱼类毒性大
取代苯类杀虫杀菌剂	稻瘟醇（五氯苯甲醇）、苯菌灵（苯莱特）	国外有致癌报导或二次药害
二苯醚类除草剂	除草醚、草枯醚	慢性毒性
植物生长调节剂		

（四）无公害优质稻米安全指标

无公害稻米的安全指标见表3-10。

表3-10 无公害稻米安全指标

项目	指标	种类
磷化物（以PO_3计，毫克/千克）	≤0.05	稻谷
氰化物（以HCN计，毫克/千克）	≤5	稻谷
砷（以总As计，毫克/千克）	≤0.7	
汞（以Hg计，毫克/千克）	≤0.02	稻谷
氟（毫克/千克）	≤1.0	
铅（以Pb计，毫克/千克）	≤0.4	

续表

项目	指标	种类
铬（毫克/千克）	≤1.0	
镉（以 Cd 计，毫克/千克）	≤0.2	大米
铜（以 Cu 计，毫克/千克）	≤10	
亚硝酸盐（以 $NaNO_2$ 计，毫克/千克）	≤3	大米
溴氰菊酯（毫克/千克）	≤0.5	稻谷
氰戊菊酯（毫克/千克）	≤0.2	稻谷
呋喃丹（毫克/千克）	≤0.5	稻谷
对硫磷（毫克/千克）	≤0.1	稻谷
乐果（毫克/千克）	≤0.05	稻谷
甲拌磷（毫克/千克）	≤0.02	稻谷
甲胺磷（毫克/千克）	≤0.1	
苯并（a）芘（微克/千克）	≤5	
杀虫脒	不得检出	
黄曲霉毒素（B_1，微克/千克）	≤5	稻谷

（五）无公害优质稻米包装材料使用准则

无公害优质稻米产品所用的包装材料的卫生标准见表 3-11。

表 3-11　包装用聚乙烯成型品卫生标准

项　目	指　标
蒸发残渣（毫克/千克）40%乙酸（60℃，2 小时）	≤30
蒸发残渣（毫克/千克）65%乙酸（20℃，2 小时）	≤30
蒸发残渣（毫克/千克）正已烷（20℃，2 小时）	≤60
高锰酸钾消耗量（毫克/升，60℃，2 小时）	≤10
重金属（以 Pt 计），（毫克/升，4%乙酸，60℃，2 小时）	≤1
脱色试验	阴性
乙醇	阴性

续表

项 目	指 标
冷餐油无色油腻	阴性
浸泡液	阴性

二、无公害优质水稻栽培技术

（一）基地选择

无公害水稻生产基地必须选择在生态环境较好，不受工业废气、废水、废渣及农业、城镇生活、医院污水及废弃物污染，其灌溉水、空气以及土壤环境质量符合标准要求的生产区域。

（二）品种选择

选用适合本地种植，抗病和抗倒等综合抗性好，米质达到国家优质稻谷三级以上（含三级）标准。种子质量应符合 GB4404. 1—2008 的要求。

（三）调整播期

灌浆结实期的气候因子对米质影响最大。无公害优质稻米的生产，应在茬口、温光条件可能的范围内，因种调节好播种期，使灌浆结实期处于 21～26℃时期为宜，尽量避开灌浆结实期的高温或低温，以及台风暴雨，病虫等自然危害期。

（四）合理稀植

1. 直播稻

常规中粳稻播种量为每亩 3～4 千克，提倡采用生物种衣剂包衣的种子，以防地下害虫为害。注意播种质量，确保全苗。播种出苗后应及时疏密补空。

2. 移栽稻

常规中粳稻行株距 30 厘米×11. 7 厘米，或 25 厘米×13. 3 厘米，每亩栽 2 万穴左右，每穴 3～4 苗，基本苗 6 万～8 万。

（五）平衡施肥

无公害水稻优质化栽培肥料使用，必须遵循无公害水稻生产的肥料使用准则进行。在平衡施肥的基础上，增施有机肥和生物肥，提高无机氮肥利用率；增施磷、钾、硅以及微肥等，做到有机、无机结合，氮、磷、钾配合施用，提倡测土配方施肥。

（六）合理灌溉

灌溉水质要求应符合无公害农产品产地农田灌溉水质量指标。灌溉方法：薄水栽插，水层深度1~2厘米；寸水活棵，栽后建立3~4厘米水层，促进返青活棵；返青后浅水勤灌，灌水以2~3厘米为宜，待其落干后，再上新水；够苗后适时脱水搁田，采取轻搁，多次搁的方法，以控制无效分蘖，促进根系下扎生长和壮秆健株；拔节至成熟期，浅湿交替灌溉，每次上3厘米左右的水层，让其自然落干到丰产沟底无水层时复水，周而复始；收获前7天左右断水。

（七）病虫草综合防治

防治水稻病虫草害，严格执行无公害水稻农药使用准则，禁止使用剧毒、高毒、高残留或具有“三致”（致畸、致癌、致突变）毒性的农药品种，限制使用高效、低毒农药品种；推广使用无污染生物、植物农药。贯彻“预防为主，综合防治”的植保方针，从稻田生态系统的稳定性出发，实施健身栽培，综合运用多种防治措施，将有害生物控制在经济允许值以下，并保证稻米中的农药残留量符合相关规定。

1. 农业防治

选用抗性强的品种，并定期轮换，保持品种抗性，减轻病虫害的发生；采用合理耕作制度、轮作换茬、健身栽培等农艺措施，减少有害生物的发生。

2. 生物防治

要注意保护和利用天敌，维护天敌种群多样性，通过田坎增种

玉米、豆科等农作物，结合农事活动，为青蛙、蜘蛛、寄生蜂等天敌提供栖息和迁移条件，减少人为因素对天敌的伤害，充分发挥天敌的控害作用；优先推广使用生物农药，如井岗霉素、春雷霉素等；稻田养鸭，在水稻苗返青后至孕穗期，放养小鸭，可有效控制稻田前期杂草和水稻基部虫害；稻田养鱼，通过加高加厚田埂，防漏、防洪、防鱼逃失，以立夏至小满投放鱼苗，可有效抑制水稻基部虫害、杂草和纹枯病。

3. 物理防治

采用黑光灯、震频式杀虫灯、色光板等物理装置诱杀鳞翅目、同翅目害虫。

4. 药剂防治

加强田间调查，及时掌握病虫草害发生动态和发生趋势；严格按照无公害生产规定的水稻病虫害防治指标，在防治适期施药；采用一药多治或农药合理混用；有限制地使用具有三证的高效、低毒、低残留农药品种，控制施药量与安全间隔期；采用农药加载体撒施方法，防治水稻前期一代螟虫和杂草；对水稻叶面病虫、穗部病虫实行针对性低容量喷雾。

（八）适时收获

当90%籽粒黄熟时，即可收割。实行无公害稻谷与普通稻谷分收、分晒。禁止在公路、沥青路面及粉尘污染严重的地方脱粒、晒谷。

三、加工贮藏

（一）稻米加工

无公害优质稻米加工时，应选择成熟、饱满的稻谷，选用先进的加工设备，采用精碾、抛光、色选等科学的加工工艺，合理调节加工精度，以便达到减少碎米，提高出米率，保证有较多营养成分的目的。

（二）贮藏

无公害稻谷和稻米要在避光、常温、干燥和有防潮设施的地方贮藏。贮藏设施应清洁、干燥、通风、无虫害和鼠害。严禁与有毒、有害、有腐蚀性、易发霉、发潮、有异味的物品混存。若进行仓库消毒、熏蒸处理，所用药剂应符合国家有关食品卫生安全的规定。

（三）运输

运输工具应清洁、干燥、有防雨设施。严禁与有毒、有害、有腐蚀性、有异味的物品混运。

四、监控与检测

要实现无公害稻米生产，必须对生产过程中所应用的投入品（种子、肥料、农药、灌溉水、包装材料等）进行全程质量安全监控；并经常地开展对产地的大气、农田灌溉水、土壤环境质量等各项指标及深度限值和稻米产品进行检测。

第三节　绿色食品稻米生产技术

一、绿色食品水稻生产标准

绿色食品水稻生产标准，本节引用国家农业部 2013 年颁布的绿色食品行业标准，包括绿色食品产地环境质量（NY/T391—2013）、绿色食品农药使用准则（NY/T393—2013）、绿色食品肥料使用准则（NY/T394—2013）、绿色食品稻米（NY/T419—2014）。若国家有新的标准颁布，请按新的标准和要求执行。

（一）绿色食品水稻产地环境要求

绿色食品稻米生产应选择生态环境良好、无污染的地区，远离工矿区和公路、铁路干线，避免污染源。应在绿色食品和常规生产区域之间设置有效的缓冲带，或物理屏障，以防止绿色食品生产基

地受到污染。建立生物栖息地，保护基因多样性、物种多样性和生态系统多样性，以维持生态平衡。应保证基地具有可持续生产能力，不对环境或周边其他生物产生污染。

1. 空气质量要求

绿色食品稻米产地空气质量要求应符合表3-12要求。

表 3-12 空气质量要求

项目	指标	
	日平均[a]	1 小时[b]
总悬浮颗粒物，毫克/立方米	≤0.3	
二氧化硫，毫克/立方米	≤0.15	≤0.50
二氧化氮，毫克/立方米	≤0.08	≤0.20
氟化物，微克/立方米	≤7	≤0.20

注：[a]日平均是指任何一日的平均指标

[b]小时是指任何 1 小时的指标

2. 农田灌溉水质要求

绿色食品稻米产地农田灌溉水质要求应符合表 3-13 要求。

表 3-13 农田灌溉水中各项污染物的含量指标

项目	浓度限值
pH 值	5.5~8.5
总汞，毫克/升	≤0.001
总镉，毫克/升	≤0.005
总砷，毫克/升	≤0.05
总铅，毫克/升	≤0.1
六价铬，毫克/升	≤0.1
氟化物，毫克/升	≤2.0
化学需氧量（CODcr）	≤60

续表

项目	浓度限值
石油类，毫克/升	≤1.0

注：在沿海地区，氯化物指标允许根据地方水域背景特征适当调整

3. 土壤质量要求

（1）土壤环境质量要求。绿色食品稻米产地土壤环境质量应符合表3-14的要求。

表3-14　土壤质量要求

项目	pH值<6.5	6.5<pH值<7.5	pH值>7.5
总镉，毫克/千克	≤0.30	≤0.30	≤0.40
总汞，毫克/千克	≤0.30	≤0.40	≤0.40
总砷，毫克/千克	≤20	≤20	15
总铅，毫克/千克	≤50	≤50	≤50
总铬，毫克/千克	≤120	≤120	≤120
总铜，毫克/千克	≤50	≤60	≤60

（2）土壤肥力要求

绿色食品稻米产地土壤肥力按照表3-15划分。

表3-15　土壤肥力分级

项目	一级	二级	三级
有机质，克/千克	>25	20~25	<20
全氮，克/千克	>1.2	1.0~1.2	<1.0
有效磷，毫克/千克	>15	10~15	<10
速效钾，毫克/千克	>100	50~100	<50
阳离子交换量，Cmol（+）/千克	>20	15~20	<15

（二）绿色食品稻米农药使用准则

1. 绿色食品稻米有害生物防治原则

（1）以保持和优化农业生态系统为基础，建立有利于各类天敌繁衍和不利于病虫草害滋生的环境条件，提高生物多样性，维持农业生态系统的平衡。

（2）优先采用农业措施，如抗病虫品种、种子种苗检疫、培育壮苗、加强栽培管理、中耕除草、耕翻晒垡、清洁田园、轮作换茬、间作套种等。

（3）尽量利于物理和生物措施，如用灯光、色彩诱杀害虫，机械捕捉害虫，释放害虫天敌，机械或人工除草等。

（4）必要时，合理使用低风险农药。如没有足够有效的农业、物理和生物措施，在确保人员、产品和环境安全的前题下，按照绿色食品《农药选用》和《使用规范》的规定，配合使用低风险农药。

2. 绿色食品农药选用

（1）所选用的农药应符合相关的法律法规，并获得国家农药登记许可。

（2）应选择对主要防治对象有效的低风险农药品种，提倡兼治和不同作用机理农药交替使用。

（3）农药剂型宜选用悬浮剂、微囊悬浮剂、水剂、水乳剂、微乳剂、颗粒剂、水分散粒剂和可溶性粒剂等环境友好型剂型。

（4）AA 级绿色食品生产应按照表 3-16 规定选用农药及其他植物保护产品。

（5）A 级绿色食品生产除应优先从表 3-16 中选用农药。在表 3-16所列农药不能满足有害生物防治需要时，可适量使用表 3-17 所列的农药。

表 3-16　AA 级和 A 级绿色食品生产均许可使用的农药和其他植保产品名单

类别	组分名称	备注
Ⅰ. 植物和动物来源	楝素（苦楝、印楝等提取物，如印楝素等）	杀虫
	天然菊酯（除虫菊科植物提取液）	杀虫
	苦参碱及氧化苦参碱（苦参等提取物）	杀虫
	蛇床子素（蛇床子提取物）	杀虫、杀菌
	小檗碱（黄连、黄柏等提取物）	杀菌
	大黄甲醚（大黄、虎杖等提取物）	杀菌
	乙蒜素（大蒜提取物）	杀菌
	苦皮滕素（苦皮滕提取物）	杀虫
	藜芦碱（百合科藜芦属和喷嚏草属植物提取物）	杀虫
	桉油精（桉树叶提取物）	杀虫
	植物油（如薄荷油、松树油、香菜油、八角茴香油）	杀虫、杀螨、杀真菌、抑制发芽
	寡聚糖（甲壳素）	杀菌、植物生长调节
	天然诱集和杀线虫剂（如万寿菊、孔雀草、芥子油）	杀线虫
	天然酸（如食醋、木醋、竹醋等）	杀菌
	菇类蛋白多糖（菇类提取物）	杀菌
	水解蛋白质	引诱
	蜂醋	保护嫁接和修剪伤口
	明胶	杀虫
	具有避虫作用的提取物（大蒜、薄荷、辣椒、花椒、薰衣草、柴胡、艾草的提取物）	驱避
	害虫天敌（如寄生蜂、瓢虫、草蛉等）	控制虫害

续表一

类别	组分名称	备注
Ⅱ.微生物来源	真菌及真菌提取物（白僵菌、轮枝菌、耳霉菌、淡紫拟青霉、金龟子绿僵菌、寡雄腐霉菌等）	杀虫、杀菌、杀线虫
	细菌及细菌提取物（苏云金芽孢杆菌、枯草芽杆菌、蜡质芽孢杆菌、地衣芽孢杆菌、多黏类芽孢杆菌、荧光假单胞杆菌、短稳杆菌等）	杀虫、杀菌
	病毒及病毒提取物（核型多角体病毒、质型多角体病毒、颗粒体病毒等）	杀虫
	多杀霉素、乙基多杀菌素	杀虫
	春雷霉素、多抗霉素、井冈霉素、（硫酸）链霉素、嘧啶核苷类抗菌素、宁南霉素、申嗪霉素和中生菌素等	杀菌
	S-诱抗素	植物生长调节
Ⅲ.生物化学产物	氨基寡糖素、低聚糖素、香菇多糖	防病
	几丁聚糖	防病、植物生长调节
	苄氨基嘌呤、超敏蛋白、赤霉酸、羟烯腺嘌呤、三十烷醇、乙烯利、吲哚乙酸、芸薹素内酯	植物生长调节
Ⅳ.矿物来源	石硫合剂	杀虫、杀菌、杀螨
	铜盐（如波尔多液、氢氧化铜等）	杀菌，每年铜使用量不超过6千克/公顷
	氢氧化钙（石灰水）	杀菌、杀虫
	硫黄	杀菌、杀螨、驱避
	高锰酸钾	杀菌，仅用于果树
	碳酸氢钾	杀菌
	矿物油	杀虫、杀螨、杀菌
	氯化钙	仅用于治疗缺钙症
	硅藻土	杀虫
	黏土（如斑脱土、珍珠岩、蛭石、沸石等）	杀虫
	硅酸盐（硅酸钠、石英）	驱避
	硫酸铁（3价铁离子）	杀软体动物

续表二

类别	组分名称	备注
V. 其他	氢氧化钙	杀菌
	二氧化碳	杀虫，用于贮藏设施
	过氧化物类和和含氯类消毒剂（如过氧乙酸、二氧化氯、二氯异氰、尿酸钠、三氯异氰尿酸等）	杀菌，用于土壤和培养基质消毒
	乙醇	杀菌
	海盐和盐水	杀菌，仅用于种子（如稻谷等）处理
	软皂（钾盐皂）	杀虫
	乙烯	催熟等
	石英砂	杀菌、杀螨、驱避
	昆虫性外激素	引诱，仅用于诱捕器和散发皿内
	磷酸氢二铵	引诱，只限用于诱捕器中使用

注 1：该清单每年都可能根据新评估的结果发布修改单；

注 2：国家禁用的农药自动从该清单中删除

表 3-17　A 级绿色食品生产允许使用的其他农药名单

类型	农药名称
杀虫剂	S-氰戊菊酯、吡丙醚、吡虫啉、吡蚜酮、丙溴磷、除虫脲、啶虫脒、毒死蜱、氟虫脲、氟啶虫酰胺、氟铃脲、高效氯氰菊酯、甲氨基维菌素苯甲酸盐、甲氰菊酯、抗蚜威、联苯菊酯、螺虫乙酯、氯虫苯甲酰胺、氯氟氰菊酯、氯菊酯、氯氰菊酯、灭蝇胺、灭幼脲、噻虫啉、噻嗪酮、辛硫磷、茚虫威
杀螨剂	苯丁锡、喹螨醚、联苯肼酯、螺螨酯、噻螨酯、四螨嗪、乙螨唑、唑螨酯

续表

类型	农药名称
杀软体动物剂	四聚乙醛
杀菌剂	吡唑醚菌酯、丙环唑、代森联、代森锰锌、代森锌、啶酰菌胺、啶氧菌酯、多菌灵、噁菌灵、噁霜灵、粉唑醇、氟吡菌胺、氟啶胺、氟环唑、氟菌唑、腐霉利、咯菌晴、甲基立枯灵、甲基硫菌灵、甲霜灵、晴苯唑、晴菌唑、精甲霜灵、克菌丹、醚菌酯、嘧菌酯、嘧霉胺、氰霜唑、噻菌灵、三乙磷酸铝、三唑醇、三唑酮、双炔酰菌胺、霜霉威、霜脲氰、萎诱灵、戊唑醇、烯酰吗啉、异菌脲、抑霉唑
熏蒸剂	棉隆、威百亩
除草剂	2甲4氯、氨氯吡啶酸、丙炔氟草胺、草铵膦、草甘膦、敌草隆、噁草酮、二甲戊灵、二氯吡啶酸、二氯喹啉酸、氟唑磺隆、禾草丹、禾草敌、禾草灵、环嗪酮、甲草胺、精吡氟禾草灵、精喹禾灵、绿麦隆、氯氟吡氧乙酸（异辛酸）、氟氯吡氧乙酸异辛酯、麦草畏、咪唑喹啉酸、灭草松、氰氟草酯、炔草酯、乳氟禾草灵、噻吩磺隆、双氟磺草胺、甜菜胺、甜菜宁、西玛津、烯草酮、烯禾啶、硝磺草酮、野麦畏、乙草胺、乙氧氟草酯、异丙甲草胺、异丙隆、莠灭净、唑草酮、仲丁灵
植物生长调节剂	2，4-滴 2，4-D（只允许作为植物生长调节剂使用）、矮壮素、多效唑、氯吡脲、萘乙酸、噻苯隆、烯效唑

注1：该清单每年都可能根据新的评估结果发布修改单。

注2：国家新禁用的农药自动从该清单删除。

（三）绿色食品水稻肥料使用准则

1. 绿色食品肥料使用原则

（1）持续发展原则。绿色食品生产中所使用的肥料应对环境无不良影响，有利于保护生态环境，保持或提高土壤肥力及土壤生物活性。

（2）安全优质原则。绿色食品生产中应使用安全、优质的肥料产品，生产安全、优质的绿色食品，肥料的使用应对作物（营养、味道、品质和植物抗性）不产生不良后果。

（3）化肥减控原则。在保障植物有效供给的基础上减少化肥用量，兼顾元素之间的比例平衡，无机氮素用量不得高于当季作物需求量的一半。

（4）有机为主原则。绿色食品生产过程中肥料种类的选取应以农家肥料、有机肥料、微生物肥料为主，化学肥料为辅。

2. 绿色食品生产可使用的肥料种类

（1）AA级绿色食品生产可使用的肥料种类。

农家肥料：就地取材，主要由植物（或）动物残体、排泄物等富含有机物的物料制作而成的肥料。包括秸秆肥、绿肥、厩肥、堆肥、沤肥、饼肥等。

有机肥料：主要来源于植物（或）动物，经过发酵腐熟的含碳有机物料，其功能是改善土壤肥力、提供植物营养、提高作物品质。

微生物肥料：含有特定微生物活体的制品，应用于农业生产，通过其中所含微生物的生命活动，增加植物养分的工作方法量或促进植物生长，提高产量，改善农产品品质及农业生态环境的肥料。

（2）A级绿色食品生产可使用的肥料种类。

农家肥料：就地取材，主要由植物（或）动物残体、排泄物等富含有机物的物料制作而成的肥料。包括秸秆肥、绿肥、厩肥、堆肥、沤肥、饼肥等。

有机肥料：主要来源于植物（或）动物，经过发酵腐熟的含碳有机物料，其功能是改善土壤肥力、提供植物营养、提高作物品质。

微生物肥料：含有特定微生物活体的制品，应用于农业生产，通过其中所含微生物的生命活动，增加植物养分的工作方法量或促进植物生长，提高产量，改善农产品品质及农业生态环境的肥料。

有机-无机复混肥料：含有一定量有机肥料的复混肥料。其中复混肥料是指氨、磷、钾三种养分中，至少有两种养分标明量的由化学方法和（或）掺混方法制成的肥料。

无机肥料：主要以无机盐形式存在，能直接为植物提供矿质营养的肥料。

土壤调节剂：加入土壤中用于改善土壤的物理、化学和（或）

生物性状的物料，功能包括改善土壤结构、降低土壤盐碱危害、调节土壤酸碱度、改善土壤水分状况，修复土壤污染等。

（四）绿色食品米质要求

1. 绿色食品稻米的感观

绿色食品稻米的感观应符合表 3-18、表 3-19 要求。

表 3-18 大米、胚芽米、蒸谷米、红米的感观

项目		品种	
		籼	粳
色泽、气味[a]		无异常色泽和气味	
加工精度，等[b]		—	
不完善粒,%		≤3.0	
杂质最大量	总量,%	≤0.25	
	糠粉,%	≤0.15	
	矿物质,%	≤0.02	
	带壳稗粒，粒/千克	≤3	
	稻谷粒，粒/千克	≤4	
碎米	总量,%	≤15.0	≤7.5
	其中小碎米,%	≤1.0	≤0.5
水分,%		≤14.5	≤15.5
黄粒米[c],%		≤0.5	
互混,%		≤5.0	

注：籼、粳亚种都有籼糯、粳糯之分，大米、胚芽米、蒸谷米、红米中的籼糯、粳糯米感观指标参照本表中籼、粳感观要求

a. 蒸谷米的色泽、气味要求为色泽微黄略透明，具有蒸谷米特有的气味；

b. 胚芽米、红米的加工精度要求为 GB1534 的规定的三等或三等以上；

c. 蒸谷米的黄粒米指标不做检测

表 3-19　糙米、黑米的感观

<table>
<tr><th rowspan="2">项目</th><th colspan="2">品种</th></tr>
<tr><th>籼</th><th>粳</th></tr>
<tr><td>色泽、气味[a]</td><td colspan="2">正常</td></tr>
<tr><td>杂质,%</td><td colspan="2">≤0.2</td></tr>
<tr><td>不完善粒,%</td><td colspan="2">≤5.0</td></tr>
<tr><td>稻谷粒，粒/千克</td><td colspan="2">≤4</td></tr>
<tr><td>互混,%</td><td colspan="2">≤5.0</td></tr>
</table>

注：籼、粳亚种都有籼糯、粳糯之分，糙米、黑米中的籼糯、粳糯米感观指标参照本表中籼、粳感观要求

2. 绿色食品稻米的理化指标

绿色食品稻米的理化指标应符合表 3-20 的规定。

表 3-20　绿色食品稻米的理化指标

<table>
<tr><th colspan="2">项目</th><th>大米</th><th>糯米</th><th>蒸谷米</th><th>红米</th><th>糙米</th><th>胚芽米</th><th>黑米</th></tr>
<tr><td rowspan="2">水分,%</td><td>籼</td><td colspan="4">14.5</td><td colspan="3">14</td></tr>
<tr><td>粳</td><td colspan="4">15.5</td><td colspan="3">15</td></tr>
<tr><td rowspan="2">直链淀粉含量干基（%）</td><td>籼</td><td>13.0~22.0</td><td rowspan="2">≤2.0</td><td colspan="5" rowspan="2">—</td></tr>
<tr><td>粳</td><td>13.0~20.0</td></tr>
<tr><td colspan="2">垩白度,%</td><td>≤5</td><td colspan="6">—</td></tr>
<tr><td colspan="2">黑色素，色价值</td><td colspan="6">—</td><td>≥1</td></tr>
<tr><td colspan="2">留胚粒率,%</td><td colspan="5">—</td><td>≥75</td><td>—</td></tr>
</table>

3. 污染物、农药残留限量

应符合有关食品安全国家标准及规定，同时应符合表 3-21 的规定。

表 3-21　绿色食品稻米污染物、农药残留限量

序号	项目	指标
1	无机砷	≤0.05
2	总汞	≤0.01
3	磷化物	≤0.01
4	乐果	≤0.01
5	敌敌畏	≤0.01
6	马拉硫磷	≤0.01
7	杀螟硫磷	≤0.01
8	三唑磷	≤0.01
9	克百威	≤0.01
10	甲胺磷	≤0.01
11	杀虫双	≤0.01
12	溴氰菊酯	≤0.01
13	水胺硫磷	≤0.01
14	稻瘟灵	≤0.01
15	三环唑	≤0.01
16	丁草胺	≤0.01

注：如食品安全国家标准及相关国家规定中上述项目的指标有调整，且严于本标准规定，则按最新的国家标准及相关规定执行

二、绿色食品稻米生产技术

（一）基地选择

绿色食品水稻各项求地势平整，水利配套，排灌方便土地肥沃，耕层 15~20 厘米以上，土壤中性，环境条件符合 NY/T391 的要求。

（二）品种选择

绿色食品水稻选用生育期适中，抗病虫害，分蘖性强，成穗数较多，综合性状好，高产优质的粳、糯、籼稻品种。稻谷品质符合

GB/T17891优质稻谷三级以上（含三级）标准，种子质量应符合GB4404.1—2008的要求。

（三）种子处理

1. 晒种

播种前选晴天晒种1~2天。晒种期间，每天翻动3~4次，注意不要在水泥晒场长时间暴晒。

2. 选种

用密度为1.08~1.12千克/升的泥浆水选种（用鲜鸡蛋测定，鸡蛋在泥浆水浮露出1角硬币大小即可），捞出秕谷，并用清水冲洗种子。

也可用生石灰或允许使用的药剂如多菌灵浸种。

3. 催芽

当稻谷吸足水分（谷壳略呈半透明状，胚和胚乳隐约可见，指甲切断无断面干粉）即可捞出催芽。催芽标准：塑盘育秧和旱育秧，当催芽至“破胸露白时”，摊晾备播，普通湿润育秧和直播栽培的，当催芽至“芽长半粒谷，根长一粒谷”时，摊晾炼芽播种。

（四）育秧

1. 播期

适宜的播种期应根据当地的种植制度和播栽方式而定。盐城市中迟熟粳稻旱育秧一般在5月上中旬播种，机插水稻在5月中下旬播种。

2. 播种量

常规稻本田用种量每亩2.5~3.0千克，杂交稻本田用种量每亩1.0~1.5千克。机插秧每盘100~120克。

（五）移栽

采用宽行窄株栽插。移栽的密度，根据秧苗素质、品种分蘖特

性与成穗特点等因素，按照基本苗计算公式计算栽插基本苗。

（六）肥水管理

1. 基肥

A级绿色食品稻米的基肥以腐熟经无害化处理的有机肥为主，化肥为辅。翻耕前每亩本田施腐熟农家肥2000千克，或腐熟的饼肥或商品有机肥。配施适量的化肥，每亩尿素5千克、过磷酸钙10千克、硫酸钾5千克。AA级的全部用符合质量要求的有机肥，全年不准用化肥。翻地前每亩施入腐熟的符合要求的有机肥2000千克，再加配生物有机肥30千克做基肥。

2. 追肥

A级绿色稻米生产可适量追肥符合标准的化学肥料。栽后4~6天，秧苗返青活时施促蘖肥，每亩施腐熟人畜粪肥300~500千克或沼液600~1 200千克，另加尿素5~7千克；拔节后当主茎幼穗长1~1.5厘米时施穗粒肥，每亩施腐熟人畜粪300~400千克或沼液600~800千克、硫酸钾3~4千克；如速效农家肥不足，应看苗补施尿素3~5千克、硫酸钾3~4千克。

AA级绿色稻米生产全程不使用化学肥料。稻苗返青后，每亩追腐熟有机肥500千克和适量的生物菌肥均匀拌撒作分蘖肥；施肥时要加深水层，但以不淹没心叶为准，维持水层3~7天。看天看地看苗施用穗肥，在水稻出穗前的15~22天，每亩追肥有机生物肥5~7.5千克，苗弱多施、苗壮少施，苗落黄处多追，浅绿处平均追，苗浓绿处不追，促出穗整齐一致和大穗。出穗后一般不追肥，但对个别色黄有明显脱肥田块，及时提早施用速效有机生物肥作粒肥。

3. 合理灌溉

灌溉水质应符合NY/T 391对灌溉水质的要求。采用“浅—搁—湿”的水管方式。即栽插田采取浅水（2~3厘米水层）栽秧、活棵，薄水（1~2厘米水层）、露田（无水层）间歇灌溉分蘖。当每亩总苗数达预定穗数苗的80%~90%时，应适时适度多次轻搁田，以控制高峰苗，提高成穗率。孕穗前期薄、露间歇灌溉，孕穗后期至抽穗开花期保持水层，灌浆阶段干湿交替，收割前5~7天落干。

（七）病虫草害防治

绿色水稻的病虫草害以农业防治、物理防治、生物防治为主，少量药剂防治为辅。

1. 农业措施

选用抗性强的品种，采用合理耕作制度、轮作换茬、种养（稻鸭、稻渔等）结合、健身栽培等农艺措施，减少有害生物的发生。

2. 生物防治

选择对天敌杀伤力小的中、低毒性化学农药，避开自然天敌对农药的敏感时期，创造适宜自然天敌繁殖的环境等措施，保护天敌，控制有害生物的发生。

3. 物理防治

采用黑光灯、振频式杀虫灯、色光板等物理装置诱杀鳞翅目、同翅目害虫；应用防虫网覆盖防治秧田期灰飞虱。

4. 化学防治

适当放宽防治标准，在准确预测预报的基础上，适时利用中低毒性的生物源、矿物源及有机合成农药防治，有害生物不达到防治指标不打药。

A级绿色食品水稻生产病虫害防治可推荐用药：防治二化螟、三化螟、稻苞虫、稻纵卷叶螟等可选用Bt781（苏云金杆菌）、毒死蜱；稻飞虱用毒死蜱、噻嗪酮、吡蚜酮；纹枯病用井冈霉素；稻瘟病用宁南霉素；稻曲病用中生霉素。

绿色水稻的除草主要采用农业措施和人工拔除相结合的方法，一般不用化学除草剂，以保证水稻品质和不影响环境。如田间杂草过多，应遵循NY/T393—2013《绿色食品农药使用准则》，从A级绿色食品生产允许使用的除草剂中选择使用。

（八）收获、贮运

在米粒失水硬化、变成透明实状的完熟期及时收获。收获机械、器具应保持洁净、无污染，存放于干燥、无虫鼠害和禽畜的场所。绿色食品稻谷与普通稻谷要分收、分晒、分藏；禁止在公路上及粉尘污染较重的地方脱粒、晒谷。

运输工具应清洁、干燥，有防雨设施。运输严禁与有毒、有害、有腐蚀性、有异味的物品混存。在避光、常温、干燥有防潮设施的地方贮藏。贮藏设施应清洁、干燥、通风、无虫害和鼠害。严禁与有毒、有害、有腐蚀性、发潮、有异味的物品混存。若进行仓库消毒、熏蒸处理，所用药剂应符合国家有关规定，并按具体说明使用，不得过量。

（九）档案记录

做好档案记录，并保存3年以上。

第四节 有机食品稻米生产技术

有机食品稻米生产标准，本节引用我国现行的相关国家标准和行业标准。包括环境空气质量标准（GB3095—2012）、农田灌溉水质标准（GB5084—2005）、土壤环境质量标准（GB15618—1995）、有机产品第一部分生产（GB19630.1—2011）、有机产品第2部分加工（GB19630.2—2011）、有机产品第3部分标识与销售（GB19630.3—2011）、有机产品第4部分管理体系（GB19630.3—2011）、有机肥料（NY525—2012）、生物有机肥（NY884—2012）、有机食品技术规范（HJ/T80—2001）、有机食品水稻生产技术规程（NY/T1733—2009）。若国家有新的标准和要求颁布，请按新的标准和要求执行。

一、有机食品水稻产地环境要求

（一）空气质量要求

有机食品水稻生产基地的空气质量应达到表 3-22、表 3-23 中二级标准和表 3-24 要求。

表 3-22　环境空气污染物基本项目浓度限值

序号	污染物项目	平均时间	浓度限值		单位
			一级	二级	
1	二氧化硫（SO_2）	年平均	20	60	微克/立方米
		24 小时平均	50	150	
		1 小时平均	150	500	
2	二氧化氮（NO_2）	年平均	40	40	
		24 小时平均	80	80	
		1 小时平均	200	200	
3	一氧化碳（CO）	24 小时平均	4	4	微克/立方米
		1 小时平均	10	10	
4	臭氧（O_3）	日最大 8 小时平均	100	160	微克/立方米
		1 小时平均	160	200	
5	颗粒物（粒径小于等于 10 微米）	年平均	40	70	
		24 小时平均	50	150	
6	颗粒物（粒径小于等于 2.5 微米）	年平均	15	35	
		24 小时平均	35	35	

表 3-23　环境空气污染物其他项目浓度限值

序号	污染物项目	平均时间	浓度限值		单位
			一级	二级	
1	总悬浮颗粒物（TSP）	年平均	20	60	微克/立方米
		24 小时平均	50	150	
2	氮氧化物（NO_2）	年平均	40	40	
		24 小时平均	80	80	
3	铅（Pb）	年平均	4	4	
		季平均	10	10	
4	苯并（a）芘（BaP）	年平均	100	160	
		24 小时平均	160	200	

表 3-24　保护农作物的大气污染物浓度限值

污染物	生长季节平均浓度①	日平均浓度②	任何一次③
二氧化硫（毫克/立方米）	0. 08	0. 25	0. 70
氟化物［微克/（平方分米·天）］	2. 0	10. 0	

注：①“生长季平均浓度”为任何一个生长季的日平均浓度值不许超过的限值；
②“日平均浓度”为任何一日的的平均浓度不许超过的限值；
③“任何一次”为任何一次采样测定不许超过的限值

（二）农田灌溉水质要求

有机食品水稻产地农田灌溉水质应符合表 3-25、表 3-26 要求。

表 3-25　农田灌溉用水水质基本控制项目标准值

序号	项目类别	作物种类		
		水作	旱作	蔬菜
1	五日生化需氧量（毫克/升）≤	60	100	40[a]，15[b]
2	化学需氧量（毫克/升）≤	150	200	100[a]，60[b]
3	悬浮物（毫克/升）≤	80	100	60[a]，15[b]

续表

序号	项目类别	作物种类		
		水作	旱作	蔬菜
4	阴离子表面活性剂（毫克/升）≤	5	8	5
5	水温℃≤		35	
6	pH≤		5.5~8.5	
7	全盐量（毫克/升）≤	1000[c]（非盐碱土地区），2000[c]（盐碱土地区）		
8	氯化物（毫克/升）≤		350	
9	硫化物（毫克/升）≤		1	
10	总汞（毫克/升）≤		0.001	
11	镉（毫克/升）≤		0.01	
12	总砷（毫克/升）≤	0.05	0.1	0.05
13	铬（六价）（毫克/升）≤		0.1	
14	铅（毫克/升）≤		0.2	
15	粪大炀菌群数（个/100毫升）≤	4000	4000	2000[a]，1000[b]
16	蛔虫卵数（个/升）≤	2		2[a]，1[b]

注：a. 加工、烹调及去皮蔬菜。

b. 生食类蔬菜、瓜类和拿本水果。

c. 具有一定的水利灌排设施，能保证一定的排水和地下水径流条件的地区，或有一定淡水资源能满足冲洗土体中盐分的地区，农田灌溉水质全盐量指标可以适当放宽。

表 3-26　农田灌溉用水水质选择性控制项目标准值

序号	项目类型	作物种类		
		水作	旱作	蔬菜
1	铜（毫克/升）	0.5	1	
2	锌（毫克/升）		2	
3	硒（毫克/升）		0.02	
4	氟化物（毫克/升）	2（一般地区），3（高氟区）		

续表

序号	项目类型	作物种类		
		水作	旱作	蔬菜
5	氰化物（毫克/升）		0.5	
6	石油类（毫克/升）	5	10	1
7	挥发酚（毫克/升）		1	
8	苯（毫克/升）		2.5	
9	三氯乙醛（毫克/升）	1	0.5	0.5
10	丙烯醛（毫克/升）		0.5	
11	硼（毫克/升）	1[a]（对敏感作物），2[b]（对硼耐受性较强的作物），3[c]（对硼耐受性强的作物）		

注：a. 对硼敏感作物，如黄瓜、豆类、马铃薯、笋瓜、韭菜、洋葱、柑橘等

b. 对硼耐受性较强的作物，如小麦、玉米、青椒、小白菜、葱等

c. 对硼耐受性强的作物，如水稻、萝卜、油菜、甘蓝等

（三）土壤环境质量标准

有机食品水稻生产基地选择时，土壤环境质量应符合表3-27中二级标准。

表3-27 土壤环境质量标准值 单位：毫克/千克

项目 \ 级别 / 土壤pH值			一级	二级			三级
			自然背景	<6.5	6.5~7.5	>7.5	>6.5
镉		≤	0.20	0.30	0.30	0.60	1.0
汞		≤	0.15	0.30	0.50	1.0	1.5
砷	水田	≤	15	30	25	20	30
	旱地	≤	15	40	30	25	40
铜	农田	≤	35	50	100	100	400
	果园	≤	-	150	200	200	400

续表

项目 \ 土壤pH值 \ 级别		一级	二级			三级
		自然背景	<6.5	6.5~7.5	>7.5	>6.5
铅	≤	35	250	300	350	500
铬 水田	≤	9.0	250	300	350	400
旱地	≤	9.0	150	200	250	300
锌	≤	100	200	250	300	500
镍	≤	40	40	50	60	200
六六六	≤	0.5		0.5		1.0
滴滴涕	≤	0.5		0.5		1.0

注：①重金属（铬主要是三价）和砷均按元素量计，适用于阳离子交换量>5 cmol（+）/千克的土壤，若<55 cmol（+）/千克，其标准值为表内数值的半数；

② 六六六为四种异构体总量，滴滴涕为四种衍生物总量；

③ 水旱轮作地的土城环境质量标准，砷采用水田值，铬采用旱地值

二、有机水稻生产技术规程

1 范围

本标准规定了有机食品——水稻生产技术的术语定义、种植要求、资料记录和有机认证。

本标准适用于有机食品——水稻的生产。

2 规范性引用文件

下列文件中的条款通过本标准的引用而成为本标准的条款。凡是注日期的引用文件，其随后所有的修改单（不包括勘误的内容）或修订版均适用于本标准。然而，鼓励根据本标准达成协议的各方研究是否可使用这些文件的最新版本。凡是不注日期的引用文件，其最新版本适用于本标准。

GB 3095　　环境空气质量标准

GB 5084　　农田灌溉水质标准

GB 9137	保护农田大气污染物最大允许浓度
GB 15618	土壤环境质量标准
GB/T 19630. 1—2005	有机产品　第1部分：生产
NY/T 525—2002	有机肥料
NY/T 884—2004	生物有机肥

3　术语和定义

GB/T 19630. 1—2005 中 3. 2、3. 4、3. 5、3. 6、3. 7、3. 10，NY 525—2002 中 3 和 NY 884—2004 中 3 及下列术语、定义适用于本标准。

3. 1　农家肥

农民就地取材、就地使用、不含集约化生产、无污染的由生物物质、动植物残体、排泄物、生物废物等积制腐熟而成的一类肥料。

3. 2　有机食品

按本规程生产的水稻。

3. 3　有机稻种

按本规程生产的水稻种子。

3. 4　商品有机肥

通过有机认证允许在市场上销售的有机肥。

3. 5　生物源农药

直接利用生物活体或生物代谢过程中产生的具有生物活性物质或从生物体提取的物质作为防治病虫草害的农药。

4　种植要求

4. 1　产地要求

4. 1. 1　产地选择

有机食品——水稻产地应具备土层深厚、有机质含量高，空气清新，大气质量达到 GB 3095 中二级标准和 GB 9137 要求；土壤达到 GB 15618 中二级标准；灌溉水质符合 GB 5084 要求。

4. 1. 2　转换期确定

有机水稻生产田需要经过转换期。转换期一般不少于 24 个月。

开荒或撂荒多年或长期按传统农业方式种植的水稻田也要经过至少12个月的转换期才能进入有机水稻生产。转换期间应按有机生产方式管理。

4.1.3 平行生产控制

如果有机水稻田周边存在平行生产，应在有机和常规生产区域间设置缓冲带或物理障碍，以防有机种植禁用物质漂移到有机稻田，以保证有机生产田不受污染。平原稻区缓冲带应在100米以上；丘陵稻区上游不能种植非有机作物。

4.1.4 转基因控制

有机水稻生产中，严禁使用任何转基因生物或其衍生物。

4.2 栽培技术

4.2.1 稻种选择

选用有机稻种。但在购买不到的情况下，应选用未经禁用物质处理过的稻种。

4.2.2 育秧

减少播种量，培育壮秧。种子处理和秧田管理过程中，严禁使用有机栽培禁用物质。

4.2.3 本田管理

4.2.3.1 移栽

适时移栽。行株距以有利于水稻健康生长，提高群体抗病虫草害能力的密度为宜。

4.2.3.2 施肥

除达到GB/T 19630.1—2011中4.2.3要求外，还应根据当地土壤特点制订土壤培肥计划。各种土壤培肥和改良物质要符合GB/T 19630.1—2011中附录A的要求。

4.2.3.2.1 有机肥的使用

有机肥施用应进行总量控制，避免后期贪青晚熟。

4.2.3.2.2 农家肥的使用

允许使用符合有机种植要求，并经充分发酵腐熟的堆肥、沤肥、

厩肥、绿肥、饼肥、沼气肥、草木灰等农家肥。

4.2.3.2.3　商品有机肥的使用

必须使用通过有机认证，许可在市场上销售的商品有机肥。

4.2.3.3　灌溉

水质符合 GB 5084 要求。采取开腰沟、围沟、干干湿湿晒田等间歇灌溉措施。

4.2.3.4　杂草防治

4.2.3.4.1　种养结合除草

采用稻田养鸭、养鱼、养蟹等方式进行除草肥田。

4.2.3.4.2　秸秆覆盖或米糠除草

秸秆覆盖材料要选用不带病菌的稻草。将稻草制成 3 厘米左右，于插秧后 1 周均匀撒布于行间，以不露田面为宜；或将米糠均匀施入稻田，每公顷 350~450 千克为宜。

4.2.3.4.3　机械或人工除草

耙地前1周泡田，促进草籽萌芽。移栽后 15 天用中耕除草机或人工进行除草。生育后期人工拔除大草。

4.2.3.5　病虫害防治

采取“农业防治为主，生物兼物理防治为辅”的防治措施，创造有利于各类天敌栖息繁衍而不利于病虫害滋生的生态环境。

4.2.3.5.1　农业防治

清除越冬虫源；采用品种轮换、培育壮苗、适时移栽、合理稀植、科学灌溉等措施防治病虫害。

4.2.3.5.2　生物防治

采用稻田养鸭、性诱剂捕杀成虫等进行防治。

4.2.3.5.3　物理防治

采用黑光灯、频振式杀虫灯等诱杀、捕杀害虫。

4.2.3.5.4　药剂防治

应符合 GB/T 19630.1—2005 中 4.2.4 要求。

4.3 收获

适时收获。当存在平行生产时，有机稻和非有机稻应分开收割、晾晒、脱粒、运输和储藏。禁止在公路、沥青路面及粉尘污染的场合脱粒。

5 资料记录

5.1 产地地块图

地块图应清楚标明有机水稻生产田块的地理位置、田块号、边界、缓冲带以及排灌设施等。

5.2 农事活动记录

农事活动记录应该真实反映整个生产过程，包括投入品的种类、数量、来源、使用原因、日期、效果以及出现的问题和处理结果等。

5.3 收藏记录

记录收获时间、设备、方法、田块号、产量，同时编号批次。

5.4 仓储记录

记录仓库号、出入库日期、数量、稻谷种类、批次以及对仓库的卫生清洁所使用的工具、方法等。

5.5 稻谷检验报告

有机稻谷出售前要有国家指定部门出具的稻谷检验报告。

5.6 销售记录

记录销售日期、产品名称、批号、销售量、销往地点以及销售发票号码。

5.7 标签及批次号

标签上应标明产品的名称、产地、批次、生产日期、数量、内部检验员号等。

6 有机认证

生产有机水稻除按上述要求操作外，还应到相关部门申请有机食品认证。在认证机构接受申请到正式发放有机食品认证证书之前，都不能作为有机产品销售。

第四章　水稻精确定量栽培技术

水稻精确定量栽培是在高产群体动态诊断定量与肥水精确管理定量获得重大突破的基础上，通过水稻生长发育诊断指标、高产群体形成指标、适龄壮秧培育、合理基本苗、肥水管理等关键技术精确定量，使水稻生育全过程各项调控技术指标精确化的水稻精确定量栽培技术体系。该技术体系在生产中，用适宜的最少作业次数、在最适宜的生育时期实施适宜的最小投入数量，对水稻生长发育进行有序的精准调控，使水稻栽培管理“生育依模式，诊断看指标，调控按规范，措施能定量”，利于达到“高产、优质、高效、生态、安全”协调的综合目标。

第一节　水稻精确定量栽培原理

一、水稻高产形成原理

（一）水稻高产（增产）的基本途径

在保证获得适宜穗数的基础上，主攻大穗，提高结实率（85%~90%以上）和粒重。实现这一目标，必须在适宜基本苗基础上，促进有效分蘖，在有效分蘖临界叶龄期前够苗，控制无效分蘖，把茎蘖成穗率提高到80%~90%（粳稻）和70%~80%（籼稻）。在有效控制无效分蘖基础上，通过适时适量施用穗肥，主攻大穗，可以协调足穗与大穗以及与提高结实率的矛盾，获得高产。这一高产途径，成为水稻密、肥、水调控技术定量的最主要的依据。

（二）用水稻叶龄模式来精确定量最少作业次数、最佳作业时间

正确应用水稻叶龄模式，必须掌握水稻有效分蘖临界叶龄期、拔节叶龄期和穗分化叶龄期这3个最关键的叶龄。

1. 有效分蘖临界叶龄期的叶龄通式

主茎伸长节间（n）5个以上、总叶龄（N）14片以上的品种，中小苗移栽时为N-n叶龄期，大苗移栽（8叶龄以上）时为N-n+1叶龄期。以主茎17叶6个伸长节间的品种为例，中小苗移栽时有效分蘖临界叶龄期为17-6=11，应用符号⑪表示。大苗移栽时为17-6+1=⑫。

伸长节间数（n）4个以下，总叶龄（N）13以下的品种，有效分蘖临界叶龄期为N-n+1叶龄期。以11叶、4个伸长节间的品种为例，11-4+1=⑧。

2. 拔节期（第一节间伸长）的叶龄期通式

拔节期为N-n+3叶龄期，或用n-2的倒数叶龄期表示。

例如，主茎17叶6个伸长节间的品种，拔节期的叶龄为17-6+3=14；用n-2表示为6-2=4，即倒数第4叶出生期，主茎17叶品种的倒4叶，即14叶，用△14符号表示。

3. 穗分化叶龄期的叶龄通式

概括为叶龄余数3.5（倒4叶后半期）——破口期，经历了穗分化的5个时期。

叶龄余数3.5~3.0（倒4叶后半期）——苞分化期

叶龄余数3.0~2.1（倒3叶出生）——枝梗分化期

叶龄余数2.0~0.8（倒2叶到剑叶露尖）——颖花分化期

叶龄余数0.8~0（剑叶抽出）——花粉母细胞形成及减数分裂期

叶龄余数0-破口——花粉充实完成期

4. 三个关键叶龄期汇总表

以6个伸长节间主茎17叶品种、5个伸长节间主茎17叶品种和4个伸长节间主茎11叶的品种为例，制成水稻不同类型生育进程叶龄模式汇总表（表4-1）

表4-1　水稻不同类型生育进程叶龄模式汇总表

6个伸长节间17叶品种	1	2	3	4	5	6	7	8	9	10	⑪	12	△14	14	15	16	17	孕穗
5个伸长节间17叶品种	1	2	3	4	5	6	7	8	9	10	11	△12	13	14	△15	16	17	孕穗
4个伸长节间11叶品种							1	2	3	4	5	6	7	⑧	9	△10	11	孕穗
														苞分化期	枝梗分化期	颖花分化期	花粉形成及减数分裂期	花粉充实完成期

二、水稻高产群体生育指标的定量

将高产群体各生育期主要形态生理指标按生育进程定量汇入图4-1，把它作为水稻精确定量栽培技术定量的依据，由此作出的技术定量，也就保证了群体的发展符合图中的要求，能使高产频频重演。

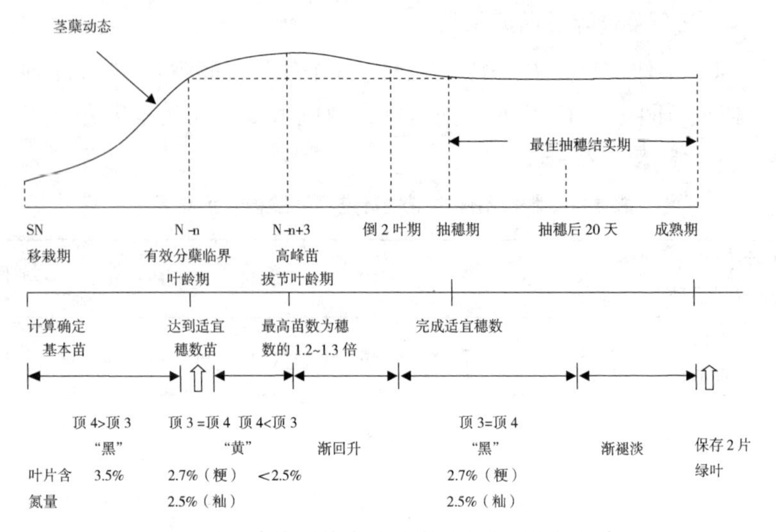

图4-1 高产群体发展动态形态生理指标示意

（一）茎蘖动态的叶龄模式

群体应在N-n（或N-n+1）叶龄期之初够苗，以后要及时控制无效分蘖；在拔节叶龄期（N-n+3）达高峰苗期，高峰苗为预期穗数的1.2~1.3倍（粳稻）和1.2~1.4倍（籼稻）；此后分蘖逐渐下降，至抽穗期完成穗数，此时群体中存活的无效分蘖应在5%左右。

N-n叶龄期不能够苗，即使以后分蘖数猛增，仍不能保证足穗大穗。够苗过早，无效分蘖过多、封行早，成穗率低、穗小，也不易高产。

（二）群体叶色"黑黄"变化的叶龄模式

1. 有效分蘖期（N-n以前）

为促进分蘖，群体叶色必须显"黑"，叶片的含氮率在3.5%左右（3%~4%），反映在叶片间叶色的深度上是顶4叶深于顶3叶（顶4 ＞顶3）。

到了N-n（或N-n+1）叶龄期够苗时，叶色应开始褪淡（顶

4=顶3)，叶片含氮要下降为2.7%（粳稻）和2.5%（籼稻)，可使无效分蘖的发生受到遏制。

2. 无效分蘖期至拔节期

即N-n+1（或N-n+2）叶龄期至N-n+3叶龄期，为了有效控制无效分蘖和第一节间伸长，群体叶色必须“落黄”，顶4叶要淡于顶3叶（顶4 <顶3)，叶片含氮率下降至2.5%以下，群体才能被有效控制，高峰苗少，通风透光条件好，碳素积累充足，为施氮肥攻大穗制造良好的条件。此期群体叶色若不能正常落黄，必然造成中期旺长，带来中后期生长一系列的不良后果。

3. 促穗期

为了促进颖花分化攻取大穗，从倒2叶龄开始直至抽穗，叶色必须回升至显“黑”，顶4顶3叶色相等（顶4=顶3)，叶片含氮率回升至2.7%（粳稻）和2.5%（籼稻)。碳氮代谢协调平衡，有利于壮杆大穗的形成。此期叶色如不能回升，则穗小、穗少（部分有效分蘖叶龄发生的分蘖，因缺肥而死亡)。此期如叶色过深（顶4 >顶3)，仍会造成茎叶徒长，结实率低，病虫害严重。

4. 抽穗后的25天左右

叶片仍应维持在2.7%（2.5%）的含氮率，使叶片保持旺盛的光合功能。以后下部叶片逐步衰老，至成熟期，植株仍能保持1~2片绿叶。

群体叶色黑黄变化叶龄节奏的规律是很严格的，扰乱了这个规律就不能高产。是精确定量栽培必须掌握的原理和诊断指标。

（三）严格掌握封行的叶龄期

高产水稻籽粒产量的80%~90%以上来源于抽穗后的光合产物，这个比例占得越多，籽粒产量也愈高。说明高产的获得是靠建造抽穗至成熟期的高光效群体。其关键之一是把群体的封行期控制在叶龄余数为0的孕穗期。

群体到了孕穗期还封不了行，说明群体过小，不能高产。但如封行过早，也不能高产。因为过早封行，会使植株供应根系生长、茎基部节间充实和促进分蘖成穗的有机营养的中下部叶片过早被荫蔽而死，造成群体根量少，功能弱；茎充实度低；成穗率低等不良弊端，进而限制了抽穗后群体光合生产力的提高。

群体恰在孕穗期封行，不但表明有足够的生长量，同时反应了拔节至抽穗期期间群体的透光度强，上下各期功能正常，各部器官生长协调；到孕穗期全茎上下有与伸长节间数相等的绿叶数，能保证抽穗以后群体有较高的光合生产力。

第二节　水稻育秧技术

一、确定适宜播期，培育适龄壮秧

（一）确定适宜播种期

播种期应根据水稻品种从播种到最佳抽穗期的天数来确定。水稻从抽穗到成熟期的群体光合生产力决定水稻的产量，水稻的最佳抽穗结实期开花结实可以获得最高的结实率、千粒重和产量。因此必须把水稻抽穗结实期安排在最佳气候条件下，即最佳抽穗结实期。在江苏最有利于开花结实的日均温，粳稻为25℃左右，抽穗—成熟的日均温21℃左右，日温差10℃左右。籼稻最佳抽穗结实期的温度一般比粳稻高2℃左右。

除了考虑水稻抽穗期的最佳温度外，还必须考虑播种期的安全温度。在恒温条件下，发芽最低温度粳稻12℃，籼稻14℃。在田间变温条件下，日均温稳定在10℃以上是粳稻的最早播种期，日匀温稳定在12℃以上是籼稻的早限播种期。

水稻分蘖和次生根发生的最低温度为15℃，日平均气温稳定在15℃以上时才是安全移栽期，过早移栽会造成僵苗。因此，设施保温育秧必须考虑安全移栽期，合理掌握秧龄和播种期。

坚持适期播种，保证水稻在最佳抽穗期抽穗，是投入最少、效

益最大的栽培技术。前茬收割晚的，必要时可用长秧龄大苗来保证水稻在最佳抽穗期抽穗。

（二）培育适龄壮秧

1. 壮秧的形态指标

培育壮秧是增产的基础。壮秧最重要的指标是移栽后根系爆发力强，缓苗期短，分蘖按期早发，对高产群体的培育能按计划调控。秧田期保持叶蘖同伸是最能反映秧苗健壮度（移栽后的发根力、抗植伤力和分蘖力）的形态生理指标，可以作为 4 叶龄以上秧苗壮秧的共同诊断指标。

2. 不同育秧和移栽方式条件下的适宜秧龄

适龄秧是指适合于移栽的低限叶龄与上限叶龄范围，在这个叶龄范围内移栽，无论叶龄大小，只要秧苗素质好，配合相应的密、肥、水调控技术，均能获得高产。但其中有最适叶龄值。最适叶龄的范围及最适叶龄值，因品种的总叶数而不同。总叶龄少的，最适叶龄范围小；总叶龄多的，适龄的幅度大。

（1）芽苗移栽适宜秧龄。

芽苗移栽（包括二段育秧）的最适叶龄是 1.2~1.5 叶期，移栽后可借残存胚乳养分（45%以上）发根，活棵快，于 5 叶期普遍分蘖，形成叶蘖高度同伸的壮秧。

（2）塑料穴盘和机插小苗的适宜秧龄。

塑料穴盘带土移栽可以充分发挥小苗移栽的分蘖优势夺取高产，但穴距小，播种穴装土容积小，只适合 3~4 叶期秧苗盘根后移栽。如果延迟至 5 叶期移栽，苗体变弱，小苗移栽的优势不强。机插小苗的适宜秧龄只能到 4 叶期。如冬闲田和早茬田在 3.0 叶龄胚乳养分耗完时尽早移栽，能在 5 叶期分蘖（但第 1 蘖退化不发生）；如至 4 叶期（3.5~4.0 叶龄）移栽，基部 1~3 叶位的分蘖芽全部退化而不发生，要到 7 叶期在 4 叶位发生分蘖。移栽过迟，秧苗停留在 4 叶 1 心不再生长，移栽后易死苗、僵苗。

（3）拔秧移栽的适宜秧龄。

5叶期的秧苗（具有第二叶位发根节位和第一、第三两个辅助发根节位）有较强的发根力和抗植伤力，并且秧苗有一定的高度，可以作为各类水稻品种拔秧移栽的起始叶龄期。拔秧移栽的适宜终止叶龄期，以移栽后至有效分蘖临界叶龄期，单季稻以5个以上的叶龄期为宜，以利于有效分蘖期显“黑”完成完成穗数苗后，于无效分蘖期及时“落黄”。如秧龄过大（移栽后至有效分蘖叶龄期少于3个叶龄），如不采取特殊的栽培技术，会造成无效分蘖期不能及时“落黄”，不利于高产群体培育。

（4）移栽稻的最大秧龄。

旱秧虽具有移栽后根系暴发力强的优势，但秧龄超过6叶龄后，旱秧发根优势会逐步丧失，旱秧的上限叶龄为6。湿润秧在必须延长秧龄时，上限叶龄可达到N-n-1（N为主茎总叶数，n为伸长节间数）叶龄期，活棵后至少有长出3片叶才开始拔节，还能利用1个动摇分蘖成穗，对穗分蘖影响较小。只要秧苗壮、基本苗栽得足、重视穗肥施用，还能获得足穗、大穗而高产。

二、湿润育秧技术

（一）确定适宜播量

湿润秧适宜播种量应根据移栽叶龄和水稻品种来确定，决定于移栽期的叶面积指数。当秧田的叶面积指数达4左右时秧田分蘖停止，进入茎蘖滞增叶龄期。个体繁茂的水稻品种到达茎蘖滞增期的播种量较低，株型紧凑的水稻品种到达茎蘖滞增期的播种量较高。同一水稻品种移栽秧龄大的播量宜小，移栽叶龄小的播种量可适当增大。

（二）秧田肥水管理

1. 播种至第二叶抽出

此期主攻目标是扎根立苗防烂芽，提高出苗率。主要措施是湿

润灌溉，保持沟中有水、秧板湿润而不建立水层，直至第 2 叶抽出，以协调土壤水气矛盾，供应充足的氧气，促进扎根立苗。

2. 2~4 叶期

此期的管理关键是及时补充氮素营养，促进 3 叶期及早超重（秧苗干重超过原籽胚乳重量），保证 4 叶期分蘖。主要措施是早施断奶肥和逐步建立水层灌溉。

（1）早施断奶肥。

3 叶期末秧苗由异养向自养阶段过渡，及早供应氮肥促进秧苗顺利度过生理转折期形成壮苗，就能促进秧苗在进入 4 叶期时开始分蘖。氮素断奶肥在 2 叶期初施用，3 叶期发挥作用，上色并超重，4 叶期出现同伸分蘖。氮肥施用不能过多，以免造成氨中毒。一般每亩施尿素 5~7 千克。

（2）逐步建立水层灌溉。

2 叶期后秧苗叶片逐步增多增大，蒸腾作用加强，叶和根系通气连接组织已经形成，可以建立水层满足秧苗生理和生态需水。在田间建立水层，能促进土壤的氨化作用，有利于秧苗对氨态氮的吸收；可以抑制好气性腐霉菌繁殖，防止青枯病发生；能缓解气温剧烈变化对秧苗的影响；能调节土壤 pH 值向 7 靠近，防止土壤盐渍化。

3. 4 叶期至移栽

此期的主攻目标是促进分蘖，提高苗体糖氮积累量，并调节适宜的碳氮比（一般为 1∶14），为提高秧苗移栽后的发根力和抗植伤打好基础。主要措施是施好接力肥和起身肥。

（1）看苗施好接力肥。施好接力肥能使秧苗从 4 叶期就进入旺盛分蘖状态，形成叶蘖同伸壮秧，并在移栽前 3~5 天苗色开始褪淡，提高抗植伤力。根据秧龄长短确定是否施用接力肥。5~7 叶期移栽的中苗不需要施用接力肥，应着重在基肥和断奶肥中用足肥量，移栽叶龄在 8 叶以上的大苗，可以在 4 叶期施用接力肥，这样到移栽时正好肥效减退，秧苗叶色褪淡。施肥量以在施肥后 1 个叶龄上色、移栽前1个叶龄开始褪色为宜。离移栽叶龄短的，施氮量可以少些，反之，可多些。

（2）施好起身肥。此时施肥可以使秧苗移栽时达到氮入苗体、叶末上色、新根初萌的状态，有利于防止植伤和增强发根力，促进活棵分蘖。一般每亩施尿素5~7千克，见表4-2。

表4-2　不同叶龄期的肥水管理关系示意图（供参考）

叶龄过程	播种	芽鞘	不完全叶	1	2	3	4	5	6	7	8	9	10
诊断指标		萌发种子根	（吐水现象）种子根下扎	芽鞘节根始发	（鸡爪根）出现五条根	不完全叶节根	伸分蘖发生第一叶腋内同	同伸分蘖发生			叶色正常，叶面积指数4，群体茎蘖滞增期适宜移栽		
施肥技术	施足基肥，有机、无机肥，氮、磷钾搭配				断奶肥	接力肥	促蘖肥施好平衡		起身肥	移栽中苗		起身肥	移栽大苗
灌溉技术	不可建立水层期（湿润灌溉）			可灌水期（跑马水）		水层灌溉（浅水层）						浅水勤灌	

（三）旱育秧技术

1. 苗床准备

选择地势高燥、土壤肥沃、保水保肥能力强、排灌水方便的地方建苗床，保证整个育秧期处于旱地状态。旱秧追肥的效果差，应重施基肥，以家畜粪肥等有机肥为主，农作物秸秆在秋冬季翻入土，腐熟后春季应用。播前20天将速效氮磷钾肥施入10厘米表土层中，

同时每平方米用敌克松有效成分 1.3 克加水泼浇或拌入床土中防治立枯病。

4 月以后才准备秧床培肥的，应改用壮秧营养剂进行培肥，不再施用任何肥料。落谷前 2～3 天，亩用“旱育绿 3 号”或“旱秧壮”50 千克，无须再添加其他肥料，直接进行速效培肥，健根壮苗。

2. 适宜播量

旱秧苗体小、适宜的叶龄低（6 叶以下），常规粳稻品种 5 叶期中苗移栽的每亩苗床播种量为 90～120 千克，6 叶期移栽的每亩播种量为 60～90 千克。

3. 播种操作

播前对苗床喷水，使 0～5 厘米的表土层处于饱和状态。播后用木板将芽谷轻压入土，上盖 0.5～1 厘米厚的床土，再盖 1～2 厘米厚的麦糠等物，然后喷水、覆盖塑料薄膜。日均温大于 20℃时在膜上加盖遮阴物。

4. 水分管理

（1）播种至齐苗。保持土壤含水量在 70%～80%。播前一次性浇透底水，及时盖膜保温至齐苗。

（2）齐苗至移栽。以控水、健根、壮苗为主。1～2 叶期的幼苗蒸腾量小，底墒足的一般不需要浇水。2～3 叶期秧苗叶面积增大，但根系不健全，易出现缺少卷叶死苗现象，应在齐苗揭膜后（2～3 叶期）浇一次透水。

（3）4 叶期至移栽前。秧苗根系健壮，应严格控水，即使床面开裂，只要中午不打卷就不需要补水。对中午卷叶的旱秧，可在傍晚喷水使土壤湿润。

5. 秧苗追肥

旱秧苗床培肥达到标准的一般不需要追肥，苗床培肥未达到标准的重视施用追肥。一般在 3 叶期，每亩用尿素 10～15 千克，过磷酸钙 20 千克，氯酸钾 5～7 千克混合加水配制成 1%的肥液于下午 4

时喷施。干肥撒施易造成肥害。

(四) 机插小苗育秧技术

1. 确定适宜播量

机插秧适宜播量的确定应兼顾秧苗素质和降低缺穴率（5%以下）两个方面的要求。

（1）根据单位面积密度，按千粒重计算播量。机插秧的大田密度落实在秧爪取秧的面积和苗数上，因而用每平方米谷粒数（粒/平方米）来表示落谷密度，并按千粒重计算播量更为科学。

（2）根据不同秧龄根系盘结的形成度确定播种密度。常规粳稻3叶龄秧苗根系盘结力落谷密度在每平方米27000粒以上时形成的秧块符合高质量机插要求，4叶龄移栽的秧苗落谷密度在每平方米22000粒以上时形成的秧块适合机插。

（3）机插秧插秧播种密度要与农机性能和高产群体适宜基本苗数相适应。目前大多数插秧机行距为30厘米，可调穴距。东洋PF455S高速插秧机为11.7厘米、13厘米和14.6厘米，RR6PW高速插秧机为12厘米、14厘米和16厘米。以东洋PF455S高速插秧机为例，每亩栽插穴数有1.889万（株距11.7厘米）、1.709万（株距13厘米）和1.522万（株距14.6厘米）3种规格。秧爪取秧块面积有不同的规格，最常用的有1.4平方厘米和1.64平方厘米两种规格。机插粳稻亩产600~700千克的田块，每亩基本苗以5万~8万为宜，高产田块每亩基本苗以5万~6万为宜。根据高产田单位面积适宜基本苗数、插秧机固有单位面积穴数和取秧面积，得出每个秧块应有苗数和单位面积秧苗数，并按80%的成秧率计算出落谷密度和落谷量。

（4）在满足上述各项指标要求的情况下尽可能稀播匀播，在落谷密度适宜范围内尽可能取下限值，以提高秧苗素质、增加秧龄弹性，提高成苗率，确保大田栽插质量。

2. 床土和秧田准备

床土宜选择肥沃、无杂物的两合土或壤土，经冬季冻融风化加以粉碎后，以 0.5 厘米筛子过筛，每亩移栽大田需备足育秧营养土 110~120 千克。播前 20~30 天进行床土培肥，每 100 千克细土加入尿素 80 克、磷酸铵 120 克、氯化钾 100 克，或直接加入 45%的复合肥 350 克（氮、磷、钾各含 15%）。另每立方土加入经过腐熟的有机肥（饼肥 110 千克、木屑或细稻壳 50 千克、酵素菌 0.5 千克堆制腐熟），以增加土壤通透性，提高成苗率，促进盘根良好。配制好的营养土必须经人工翻耖 2~3 次，集中堆闷，堆闷时细土含水量适中，要求手捏成团、落地即散，并用农膜覆盖，促使土肥充分熟化。

3. 种子准备

盘式育秧每亩大田需种子 3 千克，双膜育秧每亩大田需种子 4 千克。催芽前种子用 17%杀螟・乙蒜（菌虫清）20~30 克，对水 6 千克，浸稻种 3~5 千克。防治水稻恶苗病、稻瘟病、白叶枯病、稻曲病等种传病害。机播的催芽至 90%种子露白时播种，人工撒播的催芽至根长为谷长 1/3、芽长为 1/5~1/4 时播种。

4. 精细播种

整齐铺好育秧盘和带孔底膜，均匀铺放营养土，底土厚度盘育秧控制在 2~2.5 厘米，双膜育秧控制在 1.8~2 厘米。然后喷水，按每盘或每平方米计算芽谷播种量，以发芽率 90%和芽谷吸水 25%计算。每盘计划播干谷 100 克（以 100%发芽率计算）的每盘播芽谷 140 克，计划每平方米播干谷 700 克的每平方米播芽谷 970 克。播后盖 0.3~0.5 厘米细土，上铺一薄层稻草覆盖薄膜。覆膜后灌 1 次平沟水，湿润秧板后排水。

5. 秧田管理

播后 1~2 天保持高温高湿环境，中午膜内地表温度超过 35℃时采用两头通风或盖草帘的方式降温。遇雨及时排水。播后 3~5 天秧苗出土 2 厘米左右、第一叶完全抽出时逐渐揭膜炼苗，掌握晴天傍晚揭，阴天上午揭、小雨雨前揭、大雨雨后揭、遇低温寒流日揭夜盖的揭膜原则。拱棚秧苗的炼苗在秧苗现青后进行。最低温度稳定在15℃以上时拆棚或撤膜。水分管理分水管和旱管两种。水管：揭膜前保持盘面不发白，揭膜后至2叶期前建立平沟水，2~3叶期灌跑马水，注意前水不干后水不进。遇强冷空气灌水保苗，回暖后及时排水。移栽前3~5天控水。旱管：揭膜时灌1次水，浸透床土后排干，以后确保雨天田间无积水。秧苗中午出现卷叶时，可在傍晚或次日清晨喷1次水。坚持不卷叶不补水，以保持旱育优势。一般在秧苗1叶1心期施断奶肥。每亩用腐熟人粪尿500千克加水1000千克或用尿素5~7千克加水100倍，于傍晚结合补水浇施，起秧前2~3天每亩施尿素5~6千克。

6. 防治病虫

秧田期要根据病虫害发生情况，重点做好螟虫、灰飞虱、稻蓟马、稻瘟病等病虫害的防治工作。移栽前要对所有秧田进行一次全面药剂防治，做到带药移栽，一药兼治。

7. 化学调控

4叶期栽插的秧苗，在1叶1心期每亩用15%多效唑粉剂75~100克喷粉，或者每亩用15%多效唑可湿性粉剂50克加水100千克喷雾，控制秧苗旺长。床土培肥时已用过旱育秧壮秧剂的严禁施用多效唑。

第三节　精确计算适宜基本苗

基本苗的确定要符合恰于N-n（N-n+1）叶龄期够苗，确保穗数，并能有效控制无效分蘖，提高成穗率的要求。

一、基本苗计算基本公式

X（合理基本苗）= Y（每穗适宜穗数）/ES（单株成穗数）

式中 X 是每亩合理基本苗数；Y 是当地品种的适宜穗数；ES 是单株成穗数，决定于从移栽（SN）后至有效分蘖临界叶龄期（N-n 或 N-n+1）有几个有效分蘖叶龄数及其能产生的有效分蘖的理论值，及其分蘖发生率（r）。

按照叶蘖同伸规则，有效分蘖叶龄数和其相应产生的有效分蘖理论值，如表 4-3 所示。如从移栽到有效分蘖临界叶龄期的有效分蘖叶龄数为 5 个，则从表 4-3 得知有效分蘖理论值为 8 个；如叶龄数为 5. 5 个，则有效分蘖理论值应为（8+12）/2=10 个。

表 4-3 本田期主茎有效分蘖叶龄数与分蘖发生理论值的关系

主茎有效分蘖叶龄数	1	2	3	4	5	6	7	8	9	10
一次分蘖理论数 A	1	2	3	4	5	6	7	8	9	10
二次分蘖理论数				1	3	6	10	15	21	28
三次分蘖理论数							1	4	10	20
分蘖理论总数 B	1	2	3	5	8	12	18	27	40	59
C（应变比率）= B/A	1	1	1	1. 25	1. 6	2. 0	2. 6	3. 38	4. 44	5. 9

注：C 值可列入公式作为计算的应变参数，如（X）C 的值为 3 时，则（3）= 3×1 = 3 个理论分蘖数；X 值为 5 时，则（5）C = 5×1. 6 = 8 个理论分蘖数；X 值为 7 时，则（7）C = 7×2. 6 = 18 个理论分蘖数

二、小苗移栽基本苗的计算

小苗移栽有塑盘穴播带土移栽（或抛栽）和机插等形式。它们的共同特点是移栽叶龄小（3 叶 1 心至 4 叶 1 心），一般不带蘖或带 1~2 个小蘖（移栽后多数死亡）。单株成穗数决定于本田期水稻有效分蘖叶龄数和分蘖发生率。

1. 小苗移栽基本苗的计算

基本公式仍是 X = Y/ES

$$ES = 1\ (\text{主茎}) + (N-n-SN-bn-a)\ Cr$$

代入基本公式：

$$X=Y/[1+(N-n-SN-bn-a)Cr]$$

式中，SN 为移栽叶龄，bn 为移栽至始蘖的间隔叶龄，a 值为在 N-n叶龄前够苗的叶龄调节值，在 0.5~1 多数为 1。

小苗移栽每亩适宜基本苗公式：

$$X=Y/[1+(N-n-SN-bn-a)Cr]$$

式中，每亩适宜穗数（Y）、主茎总叶数（N）、伸长节间数（n）、移栽时秧苗叶龄数（SN）和 C 值等均已知数，移栽至始蘖间隔的叶龄数（bn）、调节值（Cr）和分蘖发生率（r）3 个参数塑盘穴播带土移栽与机插小苗间差异较大。

2. 塑盘穴播带土移栽的基本苗计算

塑盘穴播带土移栽（包括抛栽）的小苗移入大田后一般没有缓苗期，移栽至始蘖间隔的叶龄数值 bn=0。小苗移栽有效分蘖发生率 r 值值很高，一般高达 0.8~0.9，有效分蘖叶位数以利用 7~7.5 个为宜，在此叶位数以内时，够苗期调节值 Cr 取 0；有效分蘖叶位数达到 8 个时，够苗期调节值 Cr 取 0.5；有效分蘖叶位数达到 9 个时，够苗期调节值取 1.5；有效分蘖叶位数达到 10 个小时，够苗期调节值取 2.5。

3. 小苗机插的基本苗计算

（1）机插稻高产群体（亩产量 700 千克）结构的特点。

机插稻单位面积穗数和手插稻基本相同，或每亩略高 1 万~2 万穗，仍应走稳定适宜穗数、主攻大穗的路子。群体培育同样应是“小、壮、高”的途径，在合理基本苗的基础上通过促进分蘖提高茎蘖成穗率（70%~80%）达到高产。机插小苗仍遵循有效分蘖临界叶龄期稍前够苗的规律。目前江苏单季稻（伸长节间 5 个以上）品种高产田的够苗期，多数在有效分蘖临界叶龄期稍前，够苗期调节值 Cr 一般为 1；高峰苗期也比手插的早 1 个叶龄。但 4 个伸长节间以下的水稻品种的够苗期仍遵循在有效分蘖临界叶龄期后 1 个叶龄期够苗的规律。

（2）机插稻的分蘖特点与手插稻相比主要区别。

由于苗床密度过大，第一、第二、第三 3 个叶位的分蘖芽发育受抑制。在 3 叶期移栽前的情况下，第二、第三叶位的分蘖芽尚能发育分蘖，移栽至始蘖间隔的叶龄数为 1；而在 4 叶期移栽，这 3 个分蘖芽全部休眠而形成缺位，要到第七叶抽出时才在第四叶位上发生分蘖，从水稻秧苗移栽到始蘖要间隔 2 个叶龄，移栽至始蘖间隔的叶龄数为 2。

机插秧在本田期的分蘖，多数水稻品种集中在第八、第九、第十、第十一 4 个叶龄上，是高发生率和高成穗率叶位。这是计算本田期有效分蘖发生数的重要依据。

（3）机插稻基本苗的计算。

根据 4 叶期移栽的水稻秧苗移栽至始蘖间隔的叶龄数为 2.5 个以上伸长节间水稻品种的调节值 Cr 为 1。本田期有效分蘖叶位一般可达 5 个左右，分蘖发生率播种量适宜，秧龄适当（18～20）的情况下可以达到 70%～80%，随着秧龄天数的延长分蘖率下降（如秧龄达 25 天以上时，分蘖率下降至 50%～60%）等参数，可以对机插稻基本苗作精确定量计算。

三、中大苗移栽的基本苗计算

中苗和大苗移栽时秧苗分为主茎和分蘖两部分，在移栽后各自产生分蘖的情况不同。

（一）主茎移栽后的有效分蘖叶龄数

主茎移栽后在大田的有效分蘖叶龄数为 N－n－SN－1（植伤缺位）。在生产实践中，高产田的实际够苗数往往不是恰好在分蘖临界叶龄期末，中小苗一般在分蘖临界叶龄叶片抽出之初或中期，大苗移栽的分蘖临界叶龄期后 1 叶龄的分蘖有相当部分能成穗。因此，主茎移栽后的有效分蘖叶龄数应在上面的公式中再减去一个调节值，即，主茎移栽后有的分蘖叶龄数为 N－n－SN－1（植伤缺位）－a。关于调节值 Cr，5 个伸长节间以上的水稻品种，在中苗移栽情况下 Cr

均取0.5~1（在有效分蘖临界叶龄期够苗）；在大苗移栽情况下，调节值Cr取0~0.5。4个伸长节间的短生育期水稻品种，一般在有效分蘖临界叶龄期和有效分蘖临界叶龄期下1个叶龄期够苗，调节值Cr取0~-1。有效分蘖理论值（N-n-SN-1-a）C。

（二）带蘖秧苗的分蘖分为3叶以上分蘖和2叶以下分蘖两类进行考察

1.3叶以上分蘖

3叶以上分蘖有自生根，移栽后一般都可以成活，可视为1个基本苗，成活后可与主茎一样保持叶蘖同伸关系，长出二次有效分蘖，因此，3叶以上分蘖移栽后的有效分蘖理论值t_1（N-n-SN-1-a）C。移栽后主茎和3叶以上分蘖总有效分蘖理论值（1+t_1）（N-n-SN-1-a）C。移栽后主茎和3叶以上大分蘖实际发生数为（1+t_1）（N-n-SN-1-a）Cr。在分蘖滞增叶龄期及时移栽的壮秧，单季稻小苗移栽的一般为0.8~0.9，大苗移栽的在0.6（粳稻）~0.7（籼稻）；双季早稻以0.6~0.7计算。

2.2叶以下小分蘖

2叶以下小分蘖移栽后易因植伤而死亡，成活率变化较大，而且成活后叶龄少，二次有效分蘖发生叶位偏少，一般不计算二次有效分蘖。2叶以下小分蘖实际成穗数决定于成活率（r_2），即t_2r_2。关于秧苗2叶以下分蘖成活率，单季稻在壮秧适宜移栽的条件下，通常中苗2叶以下小分蘖成活率取0.3~0.5。大苗取0.5~0.7。

（三）中苗和大苗移栽的单株实际成穗数

单株实际成穗数为（1+3叶以上分蘖个数）加移栽后主茎和3叶以上大分蘖有效分蘖实际发生数加2叶以下小分蘖实际成穗数。

$$ES = (1+t_1) + [(1+t_1)(N-n-SN-(1-a)Cr_1)] + t_2r_2$$
$$= (1+t_1)[1+(N-n)-SN-(1-a)Cr_1] + t_2r_2$$

（四）中苗和大苗移栽的适宜基本苗计算公式

每亩适宜基本苗数等于每亩适宜穗数除以［（1+3叶以上分蘖个

数）+移栽后主茎和 3 叶以上大分蘖有效分蘖实际发生数+2 叶以下小分蘖实际成穗数］。

$$X=y/(c_1+t_1)[1+(N-n-SN-1-a)Cr_1]+t_2r_2$$

四、直播稻的基本苗计算

直播稻基本苗计算公式

$$X=Y/[1+(N-n-bn-a)Cr]$$

直播稻是直接将稻种播入大田，没有移栽时秧苗叶龄数 SN 这一参数。移栽至始蘖间隔的叶龄数 bn 是指始蘖叶龄减 1（如 5 叶期始蘖，bn=5-1=4）。在直播条件下，特别是机条播条件下，由于大田苗期营养条件不足，直播苗一般要到 5 叶以后才开始分蘖。移栽至始蘖间隔的叶龄数 bn 值取 4 具有普遍意义。直播稻的够苗叶龄和机插小苗一样，一般要比有效分蘖临界叶龄期提前 1 个叶龄，调节值 a 取 1。这样直播稻的单株成穗数为：1+（主茎总叶数-伸长节间数-4-1）×C ×分蘖发生率。

第四节　提高栽插质量

一、扩大行距

（一）扩行的必要性

20 世纪 50 年代的施肥水平低，当时通过增加水稻种植密度来充分利用光能对增产起了显著作用，水稻的栽插行距普遍在 16.5～20 厘米。随着施肥水平的不断提高，过小的栽插行距使水稻在拔节前后即封行，严重影响群体长穗期和开花结实期的光合生产力，制约了产量的提高。扩大行距、控制高峰苗数和封行时期（孕穗期），便成为夺取高产的关键措施。高产栽培实践证明，在保证足穗的基础上攻取大穗，重要的措施是缩减基蘖肥，增加穗肥施用量。只有扩大行距才能为增加氮素穗肥用量创造必要的条件。增强稻株对氮素穗肥的同化能力，平衡糖氮代谢，带来一系列的好处：提高茎蘖成穗率，确保穗数，增进颖花分化发育能力，形成大穗；抑制茎、叶伸长，增加茎秆强度和抗倒伏能力；减轻病害；促进中后期根系生长（尤其是上层根），延缓结实期中下部叶片的衰老，提高结实期光合生产积累能力；对提高结实率、增加粒重、改善米质和食味等有显著作用；扩大行距还可以提高分蘖期的水温，促进寒地水稻分蘖。

（二）适宜行株距

扩大行距是必要的，但行距过大（40 厘米）也是不适宜的。要根据水稻品种特性、当地的生态条件和栽培方法来扩大行距，单季粳稻的平均行距 26.5~30 厘米具有普遍性；籼型杂交稻行距可以扩大到 30~33 厘米；双季早稻和晚稻行距以 23~26.5 厘米为宜；机插小苗行距 25~30 厘米。扩大行距后，必须要根据基本苗的数量，缩小株距。如某一水稻品种机插秧的基本苗是 6 万~8 万，每穴 3~4 苗，要每亩栽足插 2 万穴，行株距应调整为 25 厘米×13 厘米或 30 厘米×11.7 厘米。

（三）改无序抛秧为点抛或条抛

抛秧的无序分布给水稻群体中期健康发展带来一系列不良因素，限制了产量提高，必须对抛秧技术进行改进。改进的途经是条抛，形成规格化的行距和穴距，或点抛，发挥丛栽优势，并控制合理基本苗数。

二、浅插

（一）浅插是早发的必要前提

水稻的分节离地 2 厘米左右时分蘖才能顺利发生，并茁壮成长。分蘖节入土过深（大于 3 厘米）时分蘖节下端的节间会伸长形成地中茎，将分蘖节送至离地表 2 厘米左右处再行分蘖，入土特别深的甚至会伸长 2 个以上地中茎节间。水稻每伸长 1 个地中茎节间分蘖便推迟 1 个叶龄，就会缺少 1 个一次有效分蘖以及其能产生若干二

次分蘖，导致单株穗数减少。由此可见，深插的危害极其大。浅插（2 厘米左右）是早发的必要前提。精确定量高产群体，都是以浅插来保证的。浅插是不增加工本的高效栽培措施。目前深插是生产中普遍存在的问题，解决深插的前提条件是表土要沉实，整田后泥浆淀清时移栽同时夹秧的手指入土要浅。

（二）抛秧要防止分蘖节入土过浅

常规抛秧有 1/3 甚至更高比例的秧苗分蘖节入土过浅（不足 1 厘米），抗倒伏能力差，不利于高产。抛栽的秧苗分蘖节入土深度以 1.5 厘米左右为宜。这样单位面积上获得的穗数多，并且有利于取得大穗。抛栽过浅（不足 1 厘米），单位面积上的穗数虽多，得穗子小，抛栽过深（大于 2 厘米），单位面积上的穗数少，两种情况均不利于高产。为防止抛栽过深或过浅，抛栽时要做到田面无水层、土壤软烂，秧丛带土点抛，使秧丛抛栽深度达到 1~2 厘米。

第五节　水稻精确定量施肥技术

目前，我国水稻生产成本中肥料所占比例较大，过量施肥、不合理施肥是施肥过程中存在的主要问题。这样的施肥方法使肥料利用率下降，大量肥料被浪费损失，污染环境，降低产量和品质，影响食品安全。精确计算肥料用量，节省用肥，合理运筹肥料，是实现水稻生产“高产、优质、高效、生态、安全”综合目标最关键的栽培技术。

一、氮磷钾肥施用比例的合理确定

水稻对氮磷钾三要素的吸收平衡协调，才能取得最大肥效和最高产量。高产水稻对氮磷钾的吸收比例为 1∶0.45∶1.2，这是反映三要素营养平衡协调的生理指标。但不同土壤的氮、磷、钾有效供应量不同，实际施用比例应有不同。农业部推荐用测土配方试验来确定当地的三要素施用的合理比例。

因为三要素中，磷、钾施用数量对产量影响的差异，远不如氮素明显。因此可通过确定氮素的适宜用量后，再按三要素合理比例，确定磷钾的适宜用量。

二、氮肥的精确定量

氮肥的精确定量要解决施氮总量的确定，基肥、分蘖肥与穗肥比例的确定，以及根据苗情对穗肥施用作合理调节三个问题。

精确的施氮总量可用斯坦福（standford）的差值法求取，基本公式为：

$$\text{N（千克/亩）}=\frac{\text{目标吸氮量（千克/亩）}-\text{土壤供N量（千克/亩）}}{\text{N肥当季利用率（\%）}}$$

公式的实际应用，首先要明确目标产量需氮量、土壤供氮量和氮肥当季利用率3个参数，确定施氮总量，然后合理确定基蘖肥与穗肥的分配比例和施用时间。

（一）目标产量需氮量的求取

目标产量需氮量=目标产量×100千克稻谷需氮量÷100

在各地不同气候、生态和栽培条件下，高产田百千克稻谷需氮量略有不同，应求出当地代表品种在不同产量水平时的百千克稻谷需氮量。江苏现有有常规中晚熟粳稻亩产500~750千克范围的百千克稻谷需氮量：亩产量在500千克时百千克稻谷需氮量为1.85（1.8~1.9）千克，亩产量在600千克时百千克稻谷需氮量为2（1.9~2.1）千克，亩产量在700千克以上时百千克稻谷需氮量为2.1千克左右。杂交粳稻比常规粳稻省肥，初步测定常优1号亩产量700千克以上的高产田，百千克稻谷需氮量为1.95千克左右。籼型杂交水稻的百千克稻谷需氮量比同产量等级的粳稻低0.2千克，亩产量700千克的高产田百千克稻谷吸氮量为1.9千克左右。

（二）土壤供氮量的求取

1. 基础产量与土壤供氮量

直接采用不施氮空白区稻谷基础产量及其百千克稻谷需氮量，

求得土壤供氮量。空白区基础产量百千克稻谷需氮量也随地力提高而增加，并且会受土壤特性影响。基础产量同为亩产400千克左右的地力水平，每百千克稻谷需氮量，黏土地为1.75（1.6~1.9）千克，而沙土地为1.5（1.4~1.6）千克。

2. 品种、茬口与空白产量的关系

江苏省测定结果，前茬为小麦，水稻基础产量为400千克/亩。前茬为油菜，水稻基础产量提高至450千克/亩左右。在同一田块上种植生育期长短不同的水稻品种，土壤供氮量也不同。生育期相差10天以上的两个水稻品种，基础产量每亩相差23千克左右，土壤供氮量每亩相差0.58千克。差异一般在5%左右。生育期相同的籼粳稻品种之间、同为粳稻的常规品种和杂交稻之间也有显著差异。因此，应分地区按土类、地方和前茬分别测定。

3. 土壤供氮量的年际稳定性

利用基础产量或基础供氮量作为土壤供氮量的指标在年度间比较稳定。各地基础产量年度间变化较小，绝对值在每亩0.6~27千克/亩，变化率在6%以内（0.15%~5.89%）；每亩吸氮量差异在0.6千克以下（0.01~0.59千克），变化率在10%以内（0.16%~9.3%）。基础产量和基础吸氮量年度间较高的稳定性，使测得的土壤供氮量参数值具有应用指导价值。只要品种类型或耕作制度（茬口）和施肥量不发生重大变化，一般基础产量的数据可以应用3~5年。

（三）氮素当季利用率的求取

不同水稻品种、土壤质地、肥料种类、施肥方法、前后期施肥比例、气候条件、土壤水分都会影响肥料利用率，差异在17.1%~45.3%。但在高产条件下，上述各因素都必须保证最适宜范围内。目前大面积氮素当季利用率取平均值42.5%（40%~45%），穴播带土移栽小苗可提高至45%~50%。

三、“前氮后移”的增产原理

实施化肥前氮后移，基蘖肥和穗肥的施用比例，由以往的10：0~8：2调整为5.5：4.5（6：4~5：5）和6.5：3.5（7：3~6：4），是精确定量施氮的一个极为重要的定量指标。是由以往迟效的农家肥为主转变为以速效化肥为主情况下产生的重大施肥改革。其增产原理简述如下。

（一）提高基蘖肥的利用率

基肥分蘖肥主要为有效分蘖发生提供养分需要，当有效分蘖临界叶龄够苗后，土壤供氮应减弱，促使群体叶色落“黄”，有效地控制无效分蘖，有效控制叶片伸长，推迟封行，改善拔节至抽穗期群体中下部叶片的受光条件，提高成穗率，地下地上部均衡发育，为长穗期攻取大穗创造良好条件。

如果基蘖肥的氮肥比例过大，到了无效分蘖期叶色不能正常落“黄”，造成中期的旺长，封行大为提前，中、下部叶片严重荫蔽，高产群体被破坏，将带来成穗率骤降，根、茎发育不良，病害严重等一系列不良后果。基蘖肥氮素吸收利用率低，一般只有20%左右，施用越多，利用率越低，适当减少施用比例，可以提高N肥当季利用率。

（二）穗肥的作用

在中期落黄的基础上施用穗肥，不仅能显著促进大穗的形成，而且可促进动摇分蘖成穗，保证足穗；穗肥的单位生产效率是最高的，是水稻一生中最高效的施肥期，适当提高穗肥施用比例，是夺取高产的关键增产措施。

（三）前氮后移必须有合理的比例

5个伸长节间的品种，拔节以前的吸氮量只占一生的30%左右，长穗期占50%左右，因而穗肥的比例可以提高到45%左右（40%~50%）。4个伸长节间的品种，拔节前吸氮量已达一生的50%，故穗

肥的比例只能提高到35%左右（30%~40%）。

四、合理施氮技术

（一）基蘖肥的施用

1. 基蘖肥的比例

中大苗移栽的，基肥一般占基蘖肥总量70%~80%，施后翻入土中，以减少氮素损失；分蘖肥占基蘖肥总量20%~30%。机插小苗移栽后对基肥的吸收利用率低，宜少施基肥（占基蘖肥总量20%~30%），以分蘖肥为主（占基蘖肥总量70%~80%）。按中大苗移栽习惯，以70%~80%比例施用基肥，如果土壤通透性差，常会引起僵苗。塑盘穴播带土移栽的小苗重施送嫁肥，可使秧苗在移入本田后根际能集中高浓度的氮素，显著提高肥效。据观测，每亩秧田施尿素30~40千克作送嫁肥（折每亩大田施尿素0.8~1.0千克），在分蘖期发挥的肥效相当于大田普施基蘖肥3~4千克氮素在分蘖期的肥效，应在基蘖肥中扣减。

2. 施用时间

基肥在移栽前整地时施用耕旋入土，使土肥均匀混合。分蘖期应在秧苗长出新根后及早施用。中大苗移栽的在移栽后1个叶龄期（移栽后5天）施用，施后离有效分蘖临界叶龄期一般有4个左右（3~5个）的叶龄期，不宜再施第二次分蘖肥。若在有效分蘖临界叶龄期前发现肥力不足，不宜施氮肥，应在施用穗肥时加以补救；若在有效分蘖临界叶龄期前2个叶龄期发现明显的“黄塘”或缺肥，可以及时补施少量氮素肥料促平衡，用量以在有效分蘖临界叶龄期后叶色能及时褪淡为度。专题试验证明，机插小苗分蘖肥在移栽后2~3个叶龄期（移栽后10天），秧苗长出较多新根时施用，于第三个叶龄期开始发挥肥效，促进分蘖的作用大。由于分蘖肥施用量大（占基蘖肥70%~80%），能有效促进第七至第十一叶龄期同伸有效分蘖发生，一般不需要施第二次分蘖肥，到12叶期后肥效显著减弱，叶色开始褪淡。塑盘穴播带土移栽的小苗，4~5叶期移栽，总叶龄17叶的单季稻品种离有效分蘖临界叶龄期一般有7~8个叶龄期，分蘖期有可能施用二次分蘖肥（尤其在减少基肥用量的情况下）。第一次分蘖肥在移栽后的1个叶龄期施用，占计划量60%，第一次分蘖肥施用后第二个叶龄期施第二次分蘖肥，离有效分蘖临界叶龄期有4~5个叶龄，占计划量40%。这样施用两次分蘖肥，既能提高肥效，又肥保证叶色在有效分蘖临界叶龄期后及时褪淡。追施分蘖肥时田间要有薄水层，施肥后落干，以利于提高肥效。

（二）穗肥精确施用与调节

1. 群体苗情正常

有效分蘖临界叶龄期（N-n或N-n+1）够苗后叶色开始褪淡落黄，可按原设计的穗肥总量，分促花肥（倒4叶露尖）、保花肥（倒2叶露尖）两次施用。促花肥占穗肥总量的60%~70%，保花肥占30%~40%。4个伸长节间的品种，穗肥以倒3叶露尖1次施用为宜。施用穗肥，田间不宜保持水层，以湿润或浅水为好，施后第2天，肥料即被土壤吸收，再灌浅水层，有利提高肥效。

2. 群体不足，或叶色落黄较早

在N-n（4个节间品种N-n+1）叶龄期不够苗，或群体落黄早，出现在N-n叶龄期（或N-n+1叶龄期）。5个伸长节间的品种应提早在倒5叶露尖开始施穗肥，并于倒4叶，倒2叶分三次施用，氮肥数量比原计划增加10%左右，三次的比例为3∶4∶3。4个伸长节间的品种，遇此情况，可提前在倒4叶施用穗肥，倒2叶施保花肥；施穗肥总量可增加5%~10%，促花、保花肥的比例以7∶3为宜。

3. 群体过大，叶色过深

如N-n叶龄期以后顶4叶>顶3叶，穗肥一定要推迟到群体叶色落黄后才能施用，只要施一次，数量要减少。

第六节　水稻精确灌溉技术

水稻精确灌溉技术能满足水稻生理和生态需水，提高水稻产量和稻米品质，节约用水，改善稻田生态环境。水稻精确灌溉技术，按活棵分蘖期、控制无效分蘖期、长穗期和结实期4个时期实施。

一、活棵分蘖期浅水勤灌

活棵分蘖阶段以浅水层（2~3厘米）灌溉为主。水层灌溉随移栽苗龄大小不同而有差异。

（一）中大苗移栽

中大苗移栽的苗体大，移栽大田后需要水层保护，以满足生理和生态需水，以利于调节田间适宜温湿度，维持水分平衡，防止植株萎蔫，减轻植伤，促进发根和活棵。处于分蘖期的秧苗吸收的氮素以铵态氮为主，田间的水层能促进土壤铵化作用和秧苗分蘖生长。移栽后施用除草剂也需要有水层，以形成药膜对杂草起封杀作用。中大苗从移栽后到分蘖期应以浅水灌溉为主，灌第二次水前要短期落干，以露田通气。

（二）小苗移栽

机插小苗苗体小，叶面蒸发量不大，根部是带部分土移栽，移栽大田后只要保持土壤湿润就能满足秧苗生理需水。其主要矛盾是保持土壤通气，促进秧苗尽快发根。南方稻区，小苗移栽后一般不宜建立水层，应采取湿润灌溉，做到阴天无水层，晴天灌薄水层，1~2日落干后再灌薄水层。秧苗活棵后长出第一张叶片时断水露田，保持土壤湿润状态，进一步促进发根。移栽后长出第二张叶片时苗体已较大，此时结合施分蘖肥开始建立浅水层，并多次落干露田通气，直到有效分蘖期结束。塑盘穴播带土移栽的小苗发根能力强，移栽时应灌薄水层，移栽后阴天可以不灌水，晴天灌薄水层，2~3

天后断水落干，以促进根系生长，活棵后浅水勤灌。在机插小苗和塑盘穴播小苗移栽后，灌水施除草剂对苗体损害极大，常导致僵苗不发，小苗移栽的应在秧苗移栽前化学除草，田耙平后立即施除草剂，施药后灌水并保水 4 天。这样做除草效果好，并且表土沉实，有利于浅插。移栽后进行湿润灌溉。

二、够苗前搁田控制无效分蘖

（一）确定搁田时间

研究结果表明，无论是籼稻还是粳稻品种，在 n（表示主茎出叶数）叶抽出时产生搁田的水分胁迫，对 n−2 叶分蘖芽生长影响最大，其次为 n−1 叶分蘖芽，对 n−3 叶分蘖芽生长无显著影响。这说明，当 n 叶抽出时 n−2 叶叶腋内的分蘖芽正处于对环境敏感期，n−1 叶叶腋内的分蘖芽处于较敏感期，n−3 叶叶腋内的分蘖（正在抽出）处于不敏感期。因此，想要控制有效分蘖临界叶龄期后 1 个叶龄期产生的无效分蘖，应提前到有效分蘖临界叶龄期前 1 个叶龄期搁田，即控制节位的前 2 个叶龄期。例如，主茎总叶数为 17 叶、伸长节间数为 5 个的水稻品种，想要在 12 叶期茎蘖数达到预期穗数后于 13 叶期抑制无效分蘖发生，就必须提前到 11 叶期全田茎蘖数达计划穗数 70%~80%时开始搁田。这样，当第 12 叶抽出期土壤对稻株产生干旱胁迫时，对正在长出的第 9 叶叶腋内的分蘖（n−3）不产生控制作用，可以继续生长，完成穗数苗；而当时的 n−2 叶（第 10 叶）叶腋内的分蘖芽被有效控制，当第 13 叶抽出时第 10 叶叶腋内的无效分蘖（n−3）就难以发生。如果搁田期（水分胁迫期）持续延长 1 个叶龄期，就可以有效控制 n−1（第 11 叶）叶腋内的分蘖。

（二）搁田的土壤水势指标

扬州大学农学院的研究结果表明，产生胁迫的土壤水势指标在水稻品种存在较大差异，一般来说，粳稻品种产生水分胁迫效应的土壤水势较高（较敏感），籼型杂交稻产生水分胁迫效应的土壤水势

较低（较钝感），常规籼稻品种产生水分胁迫效应的土壤水势处于两类品种之间。根据搁田期土壤水势对分蘖成穗率的产量的影响，确定不同类型水稻品种土壤水势适宜指标值；粳稻为-15千帕（-20~-10千帕）；常规籼稻为-20千帕（-25~ -15千帕）；杂交籼稻为-25千帕（-30~ 230千帕）。达到上述水势值就应复水。搁田时间始于有效分蘖临界叶龄期前1个叶龄期，持续时间为5~7天，以达到土壤水势指标值（分别为-25~ -15千帕）和叶色落黄（顶四叶小于顶三叶）为度。如果一次搁田土壤水势已达到指标值而叶色尚未落黄，就及时灌跑马水并进行第二次搁田，直至叶色落黄为止。这种灌跑马水后再次搁田的方式一直要延续到拔节前（有效分蘖临界叶龄期后2个叶龄期），这段时间实际上是进行多次适度搁田，绝对不能一次性重搁。

搁田的土壤形态以板实、有裂缝行走不陷脚为度；稻株形态以叶色落黄为主要指标，在基蘖肥用量合理时，往往搁田1~2次即可达到目的。

（三）根据基蘖肥的施用比例决定搁田早迟

提早到有效分蘖临界叶龄期前1个叶龄期够苗前搁田，主要作用是控制无效分蘖，改善长穗期群体条件，提高成穗率，促进大穗形成，提高结实率和粒重，从而获得高产。基蘖肥施用比例大的，搁田时间宜早（茎蘖苗达穗数70%时）；基蘖肥施用比例小的，搁田时间宜迟（茎蘖苗达穗数90%时）。但搁田时间不能太迟，推迟至够苗期（茎蘖苗达穗数100%时）搁田达不到控制无效分蘖的目的，产量较低。

三、长穗期浅水湿润交替灌溉

（一）水稻长穗期需水特点

水稻拔节长穗期（枝梗分化期至抽穗期）是营养生长和生殖生长两旺的时期，群体的蒸腾量增大，是生理需水最旺盛的时期。此时稻田蒸腾量达到高峰值，进入稻田耗水量最大的时期，需要有足够的水分保证，而株间蒸发量逐渐减少，生态需水处于次要地位。水稻长穗期的另一个重要生理特点是上层根开始大量发生，整个根群向深、广两个方面发展，是水稻一生中根系发展高峰期，至抽穗期达最大值。促进水稻长穗期根系生长的重要条件之一，是协调土壤的水气矛盾。在土壤通透性良好的条件下土壤处于氧化状态，土壤理化性状和环境条件得到改善，能促进根系生长，使部分土壤氮素氧化为硝态氮（水稻拔节后易吸收硝态氮），并在根部合成玉米素和玉米素核苷等细胞分裂素，对促进穗分化和籽粒结实以及防止生育后期叶片早衰起重要作用。水稻长穗期应采用浅水层和湿润交替的灌溉方式。

（二）浅湿交替灌溉的土壤水势指标值

据扬州大学农学院研究结果，水稻长穗期需要灌水的最佳（取得最高产量）低限土壤水势值为：粳稻-8～-5 千帕，常规籼稻-12～-8 千帕，杂交籼稻-15～-12 千帕。在上述范围内，地下水位低的和沙土地取上限值，地下水位高的和黏土取下限值。水稻长穗期田间经常处于无水层状态，当土壤水势值达到上述低指标值时就需要灌 2～3 厘米的浅层水，水落干后数日土壤水势达到低限值时再灌 2～3 厘米的浅层水，如此周而复始，形成浅水层与湿润交替灌溉方式。这种灌溉方式能使土壤板实不虚浮，有利于防止植株倒伏。

（三）浅湿交替灌溉的生理作用

保持水层、浅湿交替灌溉（从 2～3 厘米浅水层落干至土壤水势-15千帕再灌 2～3 厘米水层），浅干交替灌溉（从 2～3 厘米浅水层落干至土壤水势-30 千帕再灌 2～3 厘米水层，再落干，如此循环）3 种灌溉方式，水稻长穗期浅湿交替灌溉显著提高了根系伤流液中细胞分裂素浓度、根系氧化力和硝酸还原酶活性，增加了每穗颖花数。这说明，水稻长穗期进行浅湿交替灌溉促进了根系代谢活性，特别是促进了根系细胞分裂素产生，从而促进大穗形成。而浅干交替灌

溉，干期水势值太低，对水稻生理活动性有危害，不适宜。

四、结实期浅湿交替，湿期更干

（一）土壤水势低限指数值

水稻结实期（抽穗至成熟）的灌溉仍需采取浅湿交替灌溉方式，并且结实期干水期土壤水势低限值比长穗期低（耐旱性比长穗期强）。据扬州大学农学院测定，获得高产、优质的结实期灌溉土壤水势低限指标值：粳稻为-15～-10千帕，常规籼稻为-20～-15千帕，杂交籼稻为-25～-20千帕。

（二）结实期进行浅湿交替灌溉对水稻产量和品质的影响

据试验，在水稻结实期采取保持水层、浅湿交替灌溉（浅水层自然落干土壤水势值为-20千帕时灌1～2厘米浅水层）3种灌溉方式，结果表明：采取浅湿交替灌溉方式的水稻产量高于水层灌溉方式，增产原因是提高了结实率和千粒重：采取浅干交替灌溉方式的水稻结实率和千粒重均低于水层灌溉方式，产量最低，不可取，浅湿交替灌溉方式与水层灌溉方式相比，能提高稻米加工品质（出糙率、精米率和整精米率）和稻米外观品质（高透明度、低垩白率和垩白度），浅干交替灌溉方式则起不良作用。就稻米食味品质而言，浅湿交替灌溉方式比水层水灌溉方式有改善，浅干交替灌溉方式则相反。

分析浅湿交替灌溉方式比水层灌溉方式高产、优质的原因；首先是提高了水稻结实期根系活力，表现在增加了根系伤流液中细胞分裂素浓度，提高了根系氧化能力和硝酸还原酶活性，并增加了弱势粒胚细胞数。其次，浅湿交替灌溉方式与层灌溉方式相比，能抑制籽粒中促进衰老的乙烯等的释放速度和浓度，提高灌浆过程中蔗糖到淀粉代谢途径各种酶的活性，从而提高结实率、粒重和产量，并改进稻米品质。采取浅干交替灌溉方式，上述各项生理活动均发生相反的作用而导致减产、品质降低。

水稻结实期浅湿交替灌溉的增产作用在长穗期实行浅湿交替灌溉的基础上发挥的，如果长穗期长期进行水层灌溉、根群发展基础不好，结实期采取浅湿交替灌溉效果就不明显。

第五章　水稻全程机械化生产技术

机械化生产是现代水稻生产的重要标志。水稻全程机械化主要包括机械化耕整、机械化播种、机械化栽插、机械化机防、机械化收割、机械加烘干、机械化加工和机械化包装等。本章根据盐城市水稻生产的特点，重点阐述水稻全程机械化生产方式和技术。

第一节　水稻全程机械化生产简介

一、水稻全程机械化生产作业流程

水稻全程机械化生产的作业流程根据茬口、种植方式的不同而异。水稻种植的茬口有大麦茬、小麦茬、油菜茬、空白茬等，种植方式有移栽和直播两种，移栽稻又可分为人工栽插、人工抛栽、机械栽插、机械抛栽、钵苗行栽，直播稻双可分为人工旱直播、人工水直播、机械旱直播、机械水直播。盐城市水稻种植茬口主要为小麦茬，适于机械化操作的种植方式主要为机械化插秧、机械旱直播、机械水直播。水稻全程机械化生产作业流程见图 5-1。

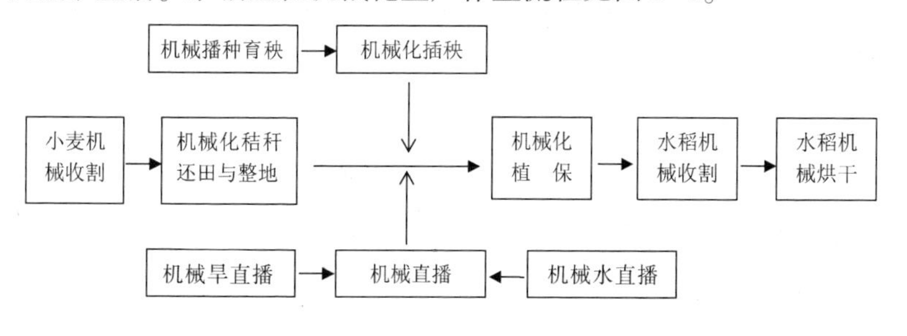

图 5-1　水稻全程机械化生产作业流程

二、水稻全程机械化生产作业主要工艺与机械

（一）麦秸秆全量还田

1. 技术与工艺

前茬麦子用配有秸秆切碎装置的联合收割机收割，作业标准留茬高度≤15厘米，秸秆切碎长度≤10厘米，切碎的秸秆均匀抛撒于田面，施用基肥和秸秆快速腐熟剂。机插秧、水直播大田放水泡田，深度3厘米，浸泡时间根据土质浸泡1~2天，水旋耕，作业深度≥12厘米，用机耙平田面。旱直播旋耕整地后播种。大田耕整应达到精耕细耙，肥足田平，上烂下实，田面整洁。

2. 机械设备

带切碎秸秆匀抛装置的联合收割；大马力轮式拖拉机配中速旋耕机、水田驱动耙等。

（二）机械化育秧

1. 技术与工艺

可采用工厂化育秧或软盘育秧技术。床土选用大田肥土，细颗粒在0.5厘米以下，配农家肥、复合肥、壮秧剂，或用水稻育秧专用基质代替床土。使用精选后和药剂处理后的种子。机械播种时控制秧盘底土厚度2厘米左右，喷洒底水使盘土全部湿透、表面无积水，调节排种速度达到目标播种量，覆盖籽土厚度以看不见种子为宜。

2. 机械设备

水稻自动化播种流水线；育秧工厂及配套的喷淋设备等。

（三）机械化栽插

1. 技术与工艺

机插秧苗要求苗高15~20厘米，叶龄3~3.5叶，秧龄18~20

天，苗挺、苗均、苗绿。秧块规格 28×58 厘米，盘根紧密，厚薄一致，提起不散。秧苗均匀度合格率≥85%，空格率≤5%。栽插要求宽行、窄株、精准定量、稀植（3~4 苗/株）、薄水（1~3 厘米）浅栽（2 厘米）。机插作业质量：伤秧率≤4%，漂秧率≤3%，漏插率≤5%，翻倒率≤3%，伤秧率、漂秧率、漏插率与翻倒率总和≤10%，相对均匀度合格率≥85%，插秧深度合格率≥90%，平均株数不超过农艺要求的±10%株，实际栽插基本苗不超过农艺要求亩基本苗数的±10%，邻间行距合格率≥90%。

2. 机械设备

步进式或乘座式高性能插秧机。机插面积不大的农户可使用步行式插秧机机插，机插面积较大的农户和农场适宜使用乘座式高速插秧机。

（四）病虫害统防统治

1. 技术与工艺

根据当地植保部门病虫情报，在防治适期对达到防治指标的田块进行统一防治。

2. 机械设备

水稻病虫草害统防统治的机械主要有背负式弥雾（喷雾）机、担架（推车）式机动喷雾机、喷杆式植保喷雾机、无人驾驶飞行器植保机等。

（五）机械化烘干

1. 技术与工艺

采用低温缓苏干燥烘干工艺，保证粮食品质。

2. 机械设备

低温循环式谷物干燥机。

（六）机械化加工

1. 技术与工艺

稻谷机械化加工的工艺流程为清理、砻谷、谷糠分离、白米分组、抛光、色选。

2. 机械设备

新型碾米机。

（七）机械化包装

1. 技术与工艺

实现大米定量、称重、自动包装。

2. 机械设备

大米自动包装机。

第二节　麦秸秆全量还田机插水稻栽培技术

一、机插水稻的优势和生育特点

（一）机插水稻的优势

1. 有利于实现水稻优质高产

（1）机插稻播种期比直播提前10~15天，不仅可以应用产量潜力高的迟熟中粳品种，而且能够保证水稻的生育进程与我区的温光资源同步，有利于优质高产。

（2）插秧机的设计符合水稻高产栽培的要求，插秧机在保证大行的同时，对株距、栽插深度、秧棵大小可以人为的量化调节，实现了定行、定深、定穴和定苗，满足了高产群体栽培中宽行浅栽稀植的要求，提高了栽插质量，并结合“小群体、壮个体、高积累”的高产栽培路线，实现优质高产。

（3）机插秧播种期比常规中大苗移栽稻迟，播种期一般在5月下旬，秧池坂面都覆盖了无纺布，这样可以避开麦收期间灰飞虱的大量迁入危害，加上规模化育秧，便于统一管理和统防统治。因此机插水稻大田前期条纹叶枯病、黑条矮缩病的发生明显减轻，降低了防治压力和成本，有利于增产增效。

2. 作业效率高，省工节本增效

水稻机插秧苗为小苗，秧田与大田比可达1∶100，秧苗播种密度大，肥水利用率高，可以节省秧田，提高土地利用率，省肥、省药、节水。一般手扶式插秧机每天栽插面积15~20亩，乘座式插秧机每天栽插面积40~50亩，远远高于人工栽插效率，并且机械水田作业稳定性好、易操作，有利于抢季节保进度。

3. 社会效益十分显著

以机械插秧代替人工，大大减轻了栽插劳动强度，有利于促进了劳动力转移，提高了人民的生活质量。

4. 促进了品种区域化、生产标准化、经营规模化的发展

以插秧机为载体，机手或者机插秧公司、专业合作社通过开展统一品种、统一育秧、统一供秧、统一机插等服务形式，促进了水稻新品种新技术推广，促进了水稻区域化布局，规模化经营和标准化生产。同时也为机手或育秧公司、专业合作社开辟了一条增收渠道。

（二）机插水稻的生育特点

1. 生育期缩短，生育进程后移

机插秧目前大多数在粳稻栽培上应用，由于受秧龄和让茬的限制，与同品种的常规栽培相比，播期一般推迟15~20天，致使水稻生育期缩短，全生育期比常规栽培稻缩短10~15天。随着生育期的缩短，抽穗期和成熟期都相应延迟，因而小麦茬机插水稻不宜选用生育期长的品种。

2. 返青、缓苗期变长

机插水稻适宜移栽的秧龄为3.5~3.8叶，此期秧苗基本处于或刚刚结束离乳期，加之播种密度高，根系盘结紧，机插时根系拉伤重，插后秧苗的抗逆性较常规手插秧弱。因此栽插后，与常规手插秧相比，机插秧的缓苗期相对较长，活棵返青期一般迟2~3天，栽插条件不好时迟5~7天，在栽插后5~7天内基本无生长量。

3. 单株分蘖发生集中，群体高峰苗多

机插水稻的育秧播种密度大，单苗营养面积和空间都很小，所以秧田期一般不发生分蘖，大田前期分蘖也发生少，下部4个分蘖位空缺或分蘖发生率低，以后随着蘖位升高，分蘖发生率也提高。以迟熟中粳稻为例，第五至第八蘖位发生率大体在60%~90%。这几个蘖位分蘖发生率较高，成穗率也较高，是高产栽培利用的主要蘖位。从群体发展看，机插水稻单位面积所插的本数一般比常规栽培多，但苗体瘦小，干重低，需通过1.5~2个叶龄期的秧苗增粗、增重过程才开始分蘖。由于本数多，分蘖发生后群体分蘖增加速度快，与常规栽培相比，往往够苗期、高峰苗期均提前1个左右叶龄期，而且高峰苗数较多。

4. 根系分布浅，发根量大

机插水稻由于插入土较浅，前中期浅水灌溉，土表气、热状况良好，利于发根，纵、横向伸展的根均比手插多，且随着生育进程的推移，横向生长的根增多，向浅层发展。分蘖期和穗分化期0~5厘米层根系比手插分别多12.4%和21.7%，成熟期机插水稻总根量与手插相比，每亩高14千克。在根系分布上，机插水稻0~20厘米土层内的根量占90%以上，比手插的84.5%高5.5%以上，20厘米以下根量手插所占比例明显比机插多。

5. 个体生长量较小，致使穗形偏小且不够整齐

机插水稻植株高度比常规栽培稻矮10%左右，叶片较小，拔节前单位面积的叶面积显著小于常规栽培的。随着叶片增大，抽穗期

单位叶面积、群体叶面积，均与常规栽培接近或相当。机插水稻大田前期单株根数少于常规栽培水稻，但因为栽得浅，有利于发根和分蘖，拔节至抽穗期群体根数增长较快，灌浆结实期单位面积根量与常规栽培相近。机插水稻分蘖开始发生较迟，主茎和分蘖的叶片数相差较大，有效分蘖的单茎叶片数大多在 6~9 张，比常规栽培少 1~1.5 张，表现个体生长量较小，影响穗形的扩展，穗形普遍偏小，而且主茎与分蘖的穗形大小差异较为明显。

二、水稻机械化育秧技术

（一）机插秧壮秧标准

1. 适宜秧龄

适宜秧龄是壮秧的重要指标。机插秧播种大、个体所占营养面积及生长空间小，适宜的秧龄弹性很小，极易造成超秧龄。由于密度过大，只要超龄，极易引起秧苗素质急剧下降，不利于出叶发根，不利于根、叶、苞原基分化与同步生长，个体发育受阻。移栽后易造成缓苗慢甚至僵苗，影响分蘖成穗及产量的形成。在目前现有的机插条件下，适宜秧龄为 15~20 天。叶龄为 3~4 叶。

2. 秧苗形态及素质指标

常规粳稻要求每平方米成苗 1.5~2.5 株，杂交稻成苗 1~1.5 株，苗间整齐；苗高 12~18 厘米，苗基部扁宽，叶片挺立有弹性，叶色翠绿，百株茎叶干重 2 克以上；秧苗根系发达，单株发根数 12~16 条，白根 10 条以上；无病虫草害；秧苗发根力强，栽后活棵快分蘖早。

3. 秧块要求

秧块整齐成方，无缺角，符合机插尺寸，即长为 58 厘米，宽 28 厘米，厚度 2~2.5 厘米；根系盘结牢固，盘根带土厚度 2.0~2.5 厘米，厚薄一致，提起不散，形如毯状。

（二）水稻工厂化育秧技术

水稻工厂化育秧是利用现代农业装备进行集约化育秧的生产方式，集机电化、标准化、自控化为一体，是一项现代农业工程与农艺结合的技术。其核心技术是通过专用育秧设备在育秧盘内播土、播种、洒水、盖土，然后采用自控电加热设备进行高温快速破胸、适温催芽及大棚硬化的先进工艺。通过水稻工厂化育秧培育出的秧苗均匀、健壮、整齐，为水稻机械化栽插提供较高素质的规格化、标准化秧苗。

1. 育秧前的准备

（1）育秧工厂的准备。在选择靠近水源、地势较高地块建造育苗大棚。四周设有环沟。按照育苗数量及棚架宽度制作拱型支架大棚，大棚规格因地制宜。大棚采取南北走向，棚膜覆盖采取开闭式，以便于通风炼苗，促进秧苗光合作用。其他设备包括塑料硬盘、水稻育秧播种机、种子蒸气催芽器、微量喷水器、温度计等。

（2）床土（基质）准备。优先选用质量优、效果好的水稻专用育秧基质代替床土。一般床土在播前25~30天制好。床土选用肥沃疏松的菜园土和耕作熟化的旱田土，或秋耕、冬翻、春耖的稻田土等，不能在荒草地及当季喷施过除草剂的麦田取土。肥沃疏松的菜园土，过筛后可直接用作床土。其他适宜土壤，于2月上旬完成取土，取土前要对取土地块进行施肥。每亩匀施腐熟的人畜粪2000千克（禁用草木灰）、25%的复合肥（氮、磷、钾的比例为12∶6∶7）60~70千克。床土未及时培肥的，在床土粉碎过筛后，育秧前2~3天按每100千克细土加1千克壮秧营养剂充分拌均后用农膜覆盖备用（壮秧营养剂的具体用量，应根据产品使用说明书确定）。在播种前床土过筛，细土粒径不得大于5毫米。过筛结束后继续堆制，并用农膜覆盖，集中堆闷，促使肥土充分熟化。每亩大田备合格营养细土100千克左右作床土，另备未培肥过筛细土作盖籽土。使用基质代替营养土育秧，每亩大田需备足水稻专用育秧基质专用基质50

千克左右。

（3）种子准备。根据不同茬口、品种特性及安全齐穗期，选择适合当地种植的优质、高产、稳产、分蘖性强、抗性好的穗粒并重型或大穗型品种。每亩大田准备精选后的种子3.5~4千克。

要选用经过脱芒、风选、筛选和发芽试验的种子；播种前选晴好天气晒种1~2天，增加种子活力，提高发芽率；晒种后要对种子进行药剂处理，预防水稻恶苗病、干尖线虫病等种传病害。药剂拌种可选用6.25%亮盾（咯菌清+精甲霜灵）10毫升加水150~200毫升，拌稻种4~5千克。药剂浸种可选用25%氰烯菌酯悬浮剂3克，对水6~7.5千克，或17%杀螟·乙蒜20~30克，对水6千克，浸稻种5~6千克。药剂浸种时间根据温度确定，一般日平均气温18~20℃时浸种60小时，气温高时，可适当缩短时间，气温低时，适当延长时间。种子药剂浸种后不用淘洗，直接催芽。工厂化育秧催芽标准为破胸露白。使用催芽器进行蒸汽控温催芽，温度控制在30~36℃。破胸前要从下到上翻拌数次，以确保谷堆上下温度一致，使稻种间受热均匀，整齐破胸。为增强芽谷播种后对外界环境的适应能力，应进行室内摊晾炼芽。在谷芽催好后，置室内薄摊数小时晾干，达到稻谷内湿外干，种子不粘连即可播种。

2. 播种

（1）播期。合理安排播种期与移栽期，一般在栽前18~20天进行流水线播种。以机插期6月15日为例，倒推18~20天，即确定播种期为5月26日至5月28日。在适宜播期内，还应根据机具、劳力和灌溉等条件实施分期播种，每期可间隔2~3天，确保每批次播种都能适期移栽。

（2）播量。每批次播前试播，调节至每个秧盘常规稻芽谷140~150克，盘内底土厚度2.0~2.2厘米，覆土厚度0.2~0.5cm，要求覆土均匀，不露籽。每亩大田要求备足25~28盘。

（3）上架。播后通过运秧车搬放至棚内育秧床上，单层育秧的直接对齐平铺；层架育秧的，考虑到后期增光炼苗，早播批次放床架上层，晚播批次放床架中、下层。

3. 育秧管理

（1）控水。水分要求分层控制。补水原则按“旱育秧”要求，以干为主，防止徒长。即播前浇透水，播后至出苗期间保持湿润，齐苗至2叶1心控水，盘土（基质）不干、秧苗不卷叶不补水，移栽前2天左右断水炼苗。补水时间宜在早晨日出前，以减小水温与气温的差值。每次补水要求盘土（基质）吃透水。

（2）控温。水稻育秧期最适温度为20~30℃，本地育秧期间棚内温度高，最高温度可达40℃。播后至出苗，闭棚保温；齐苗至2叶1心，白天通风降温，傍晚闭棚，避免高温成弱苗、温度忽高忽低成病苗、高温多湿成徒长苗；2叶一心后，全天通风不闭棚。如遇高温天气，要通过通风、补水、遮阳等措施降低温度，确保棚内温度不超过35℃。降温的方法：一是通风，即打开棚门、天膜、裙膜，启动棚内排风扇，加大空气对流，降低棚内温度；二是补水，中午通过补水能使温度降低3℃；三是遮光，为避免影响采光，仅在中午高温期间可短期覆盖遮阳网，待温度降低后再拉开遮阳网以保证充足光照。

（3）增光。工厂化育秧，光照不足是一个比较突出的问题。为改善光照条件，立体苗架层间距不宜小于50厘米。秧盘在苗架上适当分开来对放，改善中下层秧盘的光照条件。2叶期后，上下、里外间定期倒盘，使秧盘受光均匀。

（4）通风。通风是工厂化育秧所必需的，一可换气，二可降温调湿，三可炼苗。出苗阶段以闭棚为主，根据需要适当通风。1叶1心至2叶1心期白天通风，夜间闭棚。2叶1心期后全天通风不闭棚，降温炼苗。

（5）防病。工厂化育秧由于温度高，要严防恶苗病、青枯病、稻瘟病发生。恶苗病可通过药剂浸种防治。青枯病在2叶1心期、3叶1心期喷施旱秧绿2号防治。稻瘟病在2叶1心期、3叶1心期及机插前1~2天用稻瘟灵、三环唑等药剂进行防治。

（三）软盘机械育秧技术

软盘育秧是工厂化育秧的实践中总结出来的低成本，简易化育秧方式。该育秧方式简便易行，成本低，质量好，适宜机械化栽插要求，是目前机插秧的主要育秧方式。

软盘机械育秧播前的床土（基质）、种子的准备和播期、播种操作与工厂化育秧相同，这里不作重复的介绍。

1. 秧田准备

软盘育秧的秧田应相对集中，选用排灌方便、土壤肥沃的田块做秧田。秧田、大田比例：营养土育秧按 1∶80～100、基质育秧按 1∶150 留足秧池田。

育秧前 15 天左右上水耖田耙地，开沟做板。秧板规格为：宽 140 厘米，长度根据田块而定，沟宽 25 厘米，沟深 15 厘米；四周沟宽 30 厘米，沟深 20 厘米。秧板做好后排水晾板，使板面沉实，播前两天铲高补低，填平裂缝，并充分拍实，板面达到“实、平、光、直”。

2. 材料准备

每亩大田需备软盘 28～32 张，软盘规格为内腔长 58 厘米，宽 28 厘米，高 2. 5 厘米，质量达到国家规定标准。同时每台流水线需备足周转硬盘用于脱盘周转。具体用量应根据播种时移送秧盘的距离而定，或直接用硬盘。

每亩秧池田应备 1. 5 米幅宽的无纺布 450 米。采用薄膜覆盖的每亩应准备适量的薄膜、稻草、芦苇秆等。

3. 播后操作

（1）顺序摆盘。机械播种结束后，用运输工具送往事先准备好的育秧田中，脱去硬盘，在秧板上纵向横排两行，依次平铺，盘间紧密整齐，盘与盘飞边要重叠排放，盘底与床面紧密贴合。

（2）覆膜（布）保温。在软盘表面，沿秧板纵向每隔 30～50 厘米放一根细芦苇或铺一薄层麦秸草，以防农膜（无纺布）粘贴床土导致闷种。然后，覆盖农膜或无纺布，并将四周封严封实。用农膜覆盖，须在在农膜上铺盖一层稻草，厚度以看不见农膜为宜，预防晴天中午高温灼伤幼芽。使用无纺布覆盖的，覆布后无须盖草。

麦茬常规粳稻育秧时温度渐高，提倡使用无纺布覆盖保温，利用其通透性能，不揭布通风，阻隔控制病虫害的发生与传播。

4. 秧田管理

（1）保温保湿促齐苗。封膜（覆布）后要灌一次平沟水，湿润全部秧板后排出，齐苗前开好平水缺，防止下雨淹没秧板，造成缺氧烂芽；覆膜上盖草要把握厚度，做到薄厚均匀，避免晴天中午高温烧苗；遇大雨天气，雨后要及时清除盖膜上的积水，防止局部受压“贴膏药”，造成闷种烂芽，影响全苗。

（2）适时揭膜炼壮苗。秧苗盖膜时间不宜过长，揭膜时间因当时气温而定。一般在秧苗齐苗后，第一完全叶抽出 0.8~1 厘米时应及时揭膜炼苗。揭膜时掌握晴天傍晚揭，阴天上午揭，小雨雨前揭，大雨雨后揭。

（3）水分管理。揭膜（布）的当天要及时灌一次足水。以后缺水补水，保持盘面湿润不发白。秧田集中地块，灌平沟水，零散育秧可采取早晚洒水补湿。若晴天中午出现卷叶时，要灌水补湿保苗；遇低温要灌水保温护苗。切勿长时间灌水或一直旱管，以免影响秧苗发根和正常生长。机插前 3 天左右控水炼苗，以增强秧苗的抗逆能力。做到晴天半沟水，阴雨天排干水，使盘土含水量适于机插要求。

（4）看苗施肥。基质育秧和床土培肥的秧苗可不施断奶肥。床土没有培肥或苗瘦的，在 1 叶 1 心建立浅水层，每亩秧池田用尿素 5 千克对水 500 千克，于傍晚秧苗叶片吐水时浇施。移栽前根据叶色确定送嫁肥施用量和施用方法，叶色褪淡的脱力苗，每亩秧池田撒施尿素 5 千克，施后浇一次清水；叶色正常、叶型挺拔不下披苗，用浓度为 2%的尿素水根外喷施；叶色浓绿、叶片下披苗，应控肥、控水提高秧苗素质。

（5）防病治虫。秧田期要根据病虫害发生情况，重点做好稻蓟

马、灰飞虱、螟虫、稻叶瘟等病虫害的防治工作。移栽前要对所有秧田进行一次全面药剂防治，做到带药移栽，一药兼治。

5. 适时化控

在提高水稻播种质量，抓好秧苗期田间管理的同时，2 叶期根据天气和秧苗的长势可配合使用助壮剂。若气温较高，雨水偏多，苗量生长较快，特别是不能适期移栽的秧苗，每亩秧池用 15%多效唑可湿性粉剂 50 克，对水 2000 倍喷雾，以延缓植株生长速度，增加秧苗的干物质含量。多效唑切忌用量过大、喷雾不匀，如床土培肥时已使用旱秧壮秧剂，不必使用。

三、麦秸秆全量还田

（一）麦秸秆全量还田对稻作栽培的作用和意义

麦秸秆全量机械化还田是采用多种秸秆还田机械将麦秸秆直接埋入田中，使麦秸秆在土壤中腐烂分解为有机肥，以改善土壤团粒结构，增强保水、调温等理化性能，增加土壤肥力和有机质含量，免除大量废弃麦秸焚烧造成的环境污染。据多年典型调查，麦秸秆全量还田比不还田的稻作平均单产增产 35 千克左右，平均增产幅度达 6%以上。试验研究资料还表明，每亩还田 300 千克麦秸秆相当于向土壤中投入纯氮 1.92 千克、五氧化二磷 0.87 千克、氧化钾 3.2 千克，折合尿素 4.2 千克、过磷酸钙 6.7 千克、氧化钾 5.4 千克；连续三年埋草还田的土壤有机质可提高 19%，0~10 厘米土层总孔隙度增加 3.4%，容重每立方厘米降低 0.05 克。生产的稻米品质明显提高。因此，通过实施麦秸秆全量还田稻作栽培，是实现水稻优质、高产、节能、环保和可持续发展的重要措施。

（二）麦秸秆全量还田的作业流程

麦秸秆全量还田耕整施肥的作业流程见图 5-2。

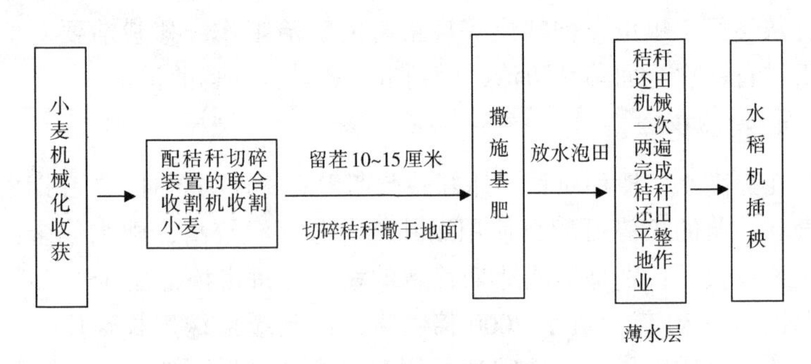

图 5-2 麦秸秆全量还田耕整施肥的作业流程

（三）麦秸秆机械全量还田作业工序

1. 切碎麦秸

前茬麦子成熟时，用联合收割机收割，留麦桩 10~15 厘米，同时启动秸秆切碎装置，将秸秆切成 5~10 厘米碎段，均匀抛撒于田面。

2. 施足基肥

鉴于麦秸秆还田后，前期耗氮，后期释氮的特点，施用基肥时，在总施肥量与不还田土壤肥料用量保持基本一致的基础上，应注意适当增施速效氮肥的用量，一般以每 100 千克秸秆增施纯氮 1 千克为宜。根据高产田块每亩总施纯氮量为 20~22 千克，基蘖肥与穗肥的比例 7∶3 施用。基肥以选择铵态氮或尿素加复合肥为好，一般亩施尿素 10 千克加 45%（15∶15∶15）的复合肥 25 千克，并提倡有机肥、无机肥结合，均匀撒施在秸秆残体上。

3. 施秸秆快腐剂

在秸秆还田前施用适量的秸秆快腐剂，均匀喷施或撒施在秸秆残体上，可加快秸秆腐熟速度，提高秸秆还田效果。

4. 放水泡田

施好基肥后立即放水泡田，浸泡时间以泡软秸秆、泡透土壤耕作层为准。

秸秆一般在放水浸泡 12 小时后基本软化，经过浸泡软化后的秸

秆易于和泥浆搅拌均匀，一般不会直立于田间或漂浮于水面。土壤耕作层泡透的时间视土壤物理性状而定，土壤酥松、团粒结构好、透水性强的土壤易于泡透；土壤板结、团粒结构差，透水性弱的土壤难于泡透。一般砂壤土浸泡 24 小时，黏土田块浸泡 36～48 小时即可田。浸泡时间过短，耕作层泡不透，作业时土壤起浆度低，秸秆和泥浆不能充分混和，田面平整度降低；浸泡时间过长，会造成土壤板结，不利于埋草和起浆。

要严格控制水层，以还田作业时水层田面高处见墩、低处有水，作业不起浪为准，水深控制在 1～3 厘米；水层过深，浮草增多，作业时水浪冲击过强，影响秸秆掩埋效果，耕整平整度差；水层过浅，土壤耕作层泡不透，秸秆泡不软，作业后田面不平整、不起浆。

5. 还田作业

选择与大中型拖拉机配套的高效低耗秸秆还田机械反旋灭茬机或水田埋茬起浆机。新型秸秆还田机械水田埋茬起浆机的特点是正旋埋草、带水旋耕，提高了机械效率和埋草效果，同时，由旱旋耕改为带水旋耕，减轻了机械负荷和动力消耗，特别是提高了旋耕埋草田面平整度，降低了机械操作成本，一次两遍作业，实现埋草和平整地，能满足后续水稻种植机械化作业要求。

水田埋茬起浆机采取横竖两遍作业，第一遍顺田间长度采用无环节套耕作业法，避免漏耕，可适当重耕，以提高埋草效果；第二遍可采用“绕行法”找平，并适当提高作业速度。注意要根据拖拉机动力、还田机具配备和土壤情况确定工作挡位。

秸秆还田机的耕层作业深度与秸秆还田量、埋草率、麦草腐烂进度和稻米品质有关。有研究表明：在 5～15 厘米耕层范围内，随旋耕深度的增加一次性作业埋草率提高，麦草起始腐烂时间、进度推迟（淹水条件下不同耕层温度差异所致），稻米的外观品质和蒸煮品质下降。考虑到我市小麦当前产量水平，为适应插秧机作业要求，麦秸秆还田的适宜埋深为 8～10 厘米，有利于后茬机插水稻产量和品质的形成。

四、机械化插秧

（一）插秧前的准备

1. 大田准备

由于机插小苗秧龄弹性小，大田耕整必须抢早进行，宁可田等秧，不可秧等田。整地要平，要求做到田面平整，全田高度差不大于 3 厘米。表土上烂下实，软硬适中，机插作业时不陷机不壅泥。田间整洁，田面无杂草、杂物。

大田平整后，使土壤沉实，以防止机插时飘秧、倒秧和栽插过深，影响分蘖和产量。一般砂性土壤沉实 1 天，壤土沉实 1~2 天，黏性土壤整地后应沉淀 2~3 天。并保持浅水层，防止晒干，田面发僵，移栽前半天要排除田内过多的水，以瓜皮水（1~2 厘米）栽秧最好。

2. 秧苗准备

（1）控水炼苗。麦茬秧控水时间宜在栽前 2~3 天进行，防止床土含水率过高。秧苗过于娇嫩，不但影响起秧和运秧，而且没有经过炼苗的小秧在大田栽插时，活棵返青慢，还容易出现死苗现象。

（2）起秧。起秧前先连盘带秧一并提起，慢慢拉断穿过秧盘底孔的少量根系，再平放后小心卷苗脱盘，保证秧块不变形，不断裂，不伤苗。

（3）运秧。运输时秧块要卷起，到田边平放并遮盖。减少秧块搬动的次数，保证秧块规格尺寸，防止秧苗枯萎，做到随起随运随栽。运秧车堆放层数视秧苗盘根程度和苗高情况，一般 2~3 层为宜。

（二）机插技术

1. 精准确定大田基本苗

根据秧苗素质、品种分蘖特性与成穗特点等因素，按照基本苗计算公式计算栽插基本苗。

2. 精确控制栽插深度

机插深度直接影响着机插稻活棵与分蘖。栽插过深，活棵慢，

分蘖发生推迟，分蘖升高，地下节间伸长，群体穗数严重不足；栽插过浅，容易造成漂秧。专题试验和高产栽培实践表明，机插稻栽插深度调节控制在 2 厘米左右，有利于高产所需适量穗数和较大穗形的协调形成，为最终群体产量的提高奠定基础。

3. 提高栽插质量

（1）调整株距。若选用插秧机行距为 25 厘米的机型，将调整为 13 厘米，使栽插密度符合设计的合理密度要求。

（2）调节秧爪取秧面积。使栽插穴苗数符合计划栽插苗数。

（3）控制田间水层深度。水层太深，易漂秧、倒秧，水层太浅易导致伤秧、空插。一般水层深度保持 1~3 厘米，利于清洗秧爪，又不漂不倒不空插，可降低漏穴率，保证足够苗数。

（4）培训机手，熟练操作。行走规范，接行准确，减少漏插，提高均匀度，做到不漂秧、不淤秧、不勾秧、不伤秧。

五、机插水稻大田管理技术

（一）返青分蘖期田间管理

1. 返青分蘖期的生育特点与栽培目标

（1）返青分蘖期的生育特点。返青分蘖期是指移栽到幼穗分化以前的时期。此期以营养器官生长为中心，是决定穗数的关键时期，也是为大穗、多穗和最后丰产奠定基础的时期。与传统人工手插稻相比，机插小苗素质弱，机械植伤重，扎根返青活棵慢。因此，移栽后的 2~3 个叶龄期既要确保正常的生理需水，也要强调控水增氧，促发根扎根，特别是前茬秸秆全量还田情况下，更需要露田增氧，以减轻秸秆腐烂过程中形成的毒害。

（2）返青分蘖期的栽培目标。运用合理的技术措施缩短返青期，促进分蘖早发、发足，争多穗，控制无效分蘖，培育壮蘖、大穗。

2. 分蘖期壮苗要求

（1）早发。一般要求 n 叶移栽，n+1 叶期返青分蘖，活棵后 3~

5天，n+2叶露尖时产生分蘖，共7~10天时间。

（2）分蘖壮。有效分蘖终止期，总茎蘖数达到每亩适宜成穗数(够苗期)。每亩最高茎蘖数为每亩适宜穗数的1.4~1.5倍。

（3）叶色深。移栽后叶色不落黄或不明显落黄，返青后叶色迅速转深，到分蘖盛期出现“一黑”。功能叶（n-2）叶片深于叶鞘，（n-3）叶深于（n-2）。株型松散，似“水仙花”。无效分蘖期直至分蘖末期，叶色由深转为淡绿色，（n-3）叶与（n-2）叶叶色相近，（n-3）叶叶片与叶鞘色接近或略淡，叶片健挺。

（4）根系发达。白根多，基本无黑根。

3. 分蘖期对环境条件的要求

（1）温度。水稻发生分蘖的最适温度为气温30~32℃、水温32~34℃。气温低于15~16 ℃或高于8~40 ℃、水温低于16~17 ℃或水温高于40~42 ℃均不利分蘖。在大田条件下，日平均温度20 ℃以上，水温22 ℃以上，稻苗才能顺利进行分蘖。

（2）光照。在分蘖期需要充足的阳光，以提高叶片的光合强度，制造有机物，促进增加分蘖数。

（3）水分。分蘖期是对水最敏感的时期，但是只要求水田水饱和状态，或浅水最有利于分蘖，在高温条件下（26~36℃），土壤持水量在80%时会产生分蘖最多。

（4）养分。分蘖期营养充足，有效分蘖多。所需的营养中是以氮、磷、钾为主，特别是氮肥最需要，以氮、磷、钾肥配合使用效果最好。

4. 分蘖期田间管理措施

（1）查苗补缺，保证全苗。机插时要检查栽插质量，假如出现较大面积缺苗，应检查插秧机，栽后对缺苗较多的地方及时进行补苗，保证全苗。

（2）看苗追施分蘖肥。分蘖期的叶色要深，苗体含氮量要高，才能满足分蘖和发根对氮素的要求。所以必须在分蘖初期早施分蘖

肥，以保证分蘖的发生。

①早施分蘖肥。坚持薄水移栽，机插结束后，及时灌水护苗，4天后落干 1~2 天，再上水，施分蘖肥，每亩施尿素 15~17 千克，机插秧最好带 1 千克硫酸锌混施（再拌除草剂，随混随用），并结合使用小苗除草剂进行化除，化除时浅水不能淹秧心，否则易形成药害。化除后田间保持 5~7 天浅水层后，落干 1~2 天再上新水。

②看苗补施壮蘖肥。秧苗栽后 10~15 天苗情长势不好，可亩用尿素 5~7.5 千克加 45%复合肥（氮、磷、钾的比例为 15∶15∶15）10 千克再施一次，以满足机插水稻早分蘖的需要。

分蘖肥和壮蘖肥要早施，因水稻有效分蘖期短，施迟了就会造成大量无效分蘖的发生。

（3）水分管理。适宜水稻分蘖的田间水分状况是土壤含水高度饱和到有浅水之间，以促进分蘖早生快发。浅水分蘖，每次灌水 3 厘米左右，做到前水不清，后水不进。水层过深使分蘖受到抑制。生产上多采用排水晒田的方法来抑制无效分蘖。

①适时搁田。机插秧当每亩总苗数达预定穗数苗的 80%~90%时，应适时适度多次轻搁田，以控制高峰苗，提高成穗率。一般在 7 月 10 日左右开始关注田间茎蘖数，每穴平均茎蘖数达到 12 时准备搁田。

②分次轻搁。注意机插水稻够苗期的苗体小，分蘖也小，对水分十分敏感，应特别强调轻搁，多次搁，切忌一次重搁，造成有效分蘖死亡，导致穗数不足。正确的搁田方式，从够苗期开始，先多次脱水轻搁，一直要延续到倒三叶露尖，经过多次反复的轻搁，搁到土攘沉实硬板，不裂缝、不陷脚，叶色褪淡显黄。

（4）综合防治病虫草害。水稻分蘖期重点做好稻蓟马、稻飞虱、螟虫、稻纵卷叶螟以及纹枯病、叶稻瘟、白叶枯病等病虫的防治。

要及时采用药剂防除控制杂草危害。每亩可选用 55% 苄嘧·苯噻酰草胺可湿性粉剂 40 克，于水稻移栽后 5~7 天拌化肥或细土撒施。施药前田间要有浅水层，便于药剂扩散，施药后保水 3~5 天，水不能淹秧心；或用 30% 苄·丁草胺 120 克，处理方法同上。

对漏治田、防除效果差的田，于杂草出齐后用茎叶处理剂进行喷雾防治。

（二）拔节长穗期田间管理

1. 拔节长穗的生育特点与栽培目标

（1）拔节长穗的生育特点

水稻拔节长穗期一方面以茎秆生长为中心，完成最后几片叶和根系等营养器官的生长，另一方面进行以幼穗分化为中心的生殖生长。此时既是保蘖、增穗的重要时期，又是增花增粒、保花增粒的关键时期，也是为灌浆结实奠定基础的时期。由于各器官同时生长，在短短 30 天内植株干物质的积累占一生干物质积累的 50%左右。因此，这段时期是水稻需水、需肥较多的时期。

（2）拔节长穗栽培目标

在保蘖增穗的基础上，促进壮秆、大穗，防止徒长和倒伏。

2. 拔节长穗期壮苗标准

（1）拔节初期。叶色青绿，倒 3 叶叶鞘色与叶片色相近，叶片不披垂，有弹性，节间短，基部粗壮，白根多。

（2）孕穗期。出现“二黑”。二黑不显，说明氮素代谢水平下降，颖花退化增多；二黑过头，说明氮素代谢过旺，合成含氮化合物多，有利于营养器官生长，不利于幼穗分化，茎秆内贮藏的淀粉降低，抽穗前出现“二黄”（破口黄，有利于抽穗后生长中心转移到籽粒灌浆）。

（3）封行期。封行期的标准为人站在田埂上，在 1.5～2.0 米见不到稻田内的水面。高产水稻的封行期出现在剑叶露尖前后。

（4）根系。枝根数量多，根端白色部分长，根系深扎，拔起困难。

3. 影响稻穗分化的重要因素

（1）温度。稻穗分化最适宜的温度为 30℃左右，以昼温 35℃，夜温 25℃为更好。温度过低会影响稻穗的正常分化发育，特别是减

数分裂期后的1.0~1.5天的小苞子形成初期遇到低温，对颖花的伤害最大，这一时期受冷害，会使花粉在不同的生长阶段出现障碍，终使花粉的育性丧失。

（2）光照。在田间条件下，光照充足对稻穗发育有利。

（3）矿质营养。氮素营养，对穗分化发育影响最大。氮素影响稻穗分化主要有两个时期：一是枝梗和颖花分化期，它影响颖花分化数；二是花粉母细胞分裂期，它影响颖花的进一步发育，即影响结实率的高低。但施肥过多或施用不当，也会造成基部节间过分伸长，且导致颖花大量退化，影响结实率，降低千粒重。在穗肥中增施钾肥，对幼穗分化有更良好的效果。

（4）水分。土壤含水量达到田间最大持水量的90%以上时，即能满足水稻穗分化期间对水分的需求。稻田缺水对幼穗发育不利，以减数分裂期前后对水的反应最敏感，其次为颖花分化期。这一阶段缺水，颖花大量退化，并产生不育花，造成严重减产。但也不能长时间水层灌溉，否则根系发育不良，容易引起早衰，也不利于水稻高产。所以，以减数分裂期为中心的孕穗期应以浅水层灌溉为主。同时，浅水层灌溉也有利于稻株对氮、磷、钾的吸收。

4. 拔节长穗期田间管理措施

（1）穗肥的施用。穗肥的作用，既要有利于巩固穗数，又要防止无效分蘖的发生和生长；既要有利于攻取大穗，又要防止叶面积过度增长，要有利于配置形成良好的冠层结构；既要扩“库”，形成较多的总颖花数，又要强“源”畅“流”，有较高的叶面积、结实率和千粒重。

一般水稻进入拔节期，出现“二黄”，落黄明显，前期群体小的情况下，可在叶龄余数3~3.5叶，每亩可施促花肥尿素7~8千克。要严格控制施用量，以防基部节间伸长，拉长后三张叶片，易引起后期倒伏。在施用促花肥后，出穗前18~20天，余叶1.2叶左右，如叶色退淡，施用保花肥，每亩可施尿素5千克左右。

穗肥一定要在叶色正常褪淡的基础上施用，早褪淡早施，晚褪淡晚施，不褪淡不施。一次穗肥用量不能过多，防止到破口时不黄，影响结实率与粒重。如果分蘖期总茎蘖数多，搁田后群体还较大，在生产上一般不施促花肥和保花肥，于倒 2 叶露尖时每亩施尿素 10 千克，促保兼用。

（2）水层管理。幼穗分化前期可以实行 3 天有水 2 天干，做到断水添水，前水不见后水。在花粉母细胞胞减数分裂期前后，由于这时对外界环境条件敏感，再加上这段时间天气炎热，可以实行 3 天有水 1 天干，持续到抽穗前。

（3）病虫害的防治。根据天气情况、病虫预测情况，综合防治好纹枯病、稻瘟病、白叶枯病及螟虫、稻纵卷叶螟等。田间一旦发生叶瘟，应立即施药控制发病中心，每亩用 40%稻瘟灵 80~100 毫升，或 42%咪鲜·甲硫灵 80 克，对水 40 千克喷雾防治，严重田块防治两次，控制传播蔓延；防治纹枯病，每亩选用 24%噻呋酰胺 30 毫升、或 30%苯甲·丙环唑 30 毫升、或 15%井·腊芽 100 克对水 50 千克电动喷雾，或对水 20 千克机动弥雾，药液要喷洒到植株中下部；防治白叶枯病，发现发病中心应立即用药封锁，每亩用 50%氯溴异氰尿酸 60~80 克，或 25%噻枯唑可湿性粉剂 100~150 克，对水 50~75 千克喷雾，施药时先打无病区，后打发病区，发病田周边田块要一起防治；防治稻纵卷叶螟，在卵孵高峰至 1~ 2 龄幼虫高峰期，每亩用 2%阿维菌素 100 毫升、或 5%甲维盐 30 克，对水 30~40 千克电动喷雾，或对水 20 千克机动弥雾；防治螟虫，三化螟防治适期卵孵高峰期，二化螟和大螟防治适期在幼虫孵化高峰期后的 3~5 天内用药，每亩可选用 5. 7%甲维盐 30 克，或 2%阿维菌素 100 毫升对水 30~40 千克电动喷雾。

（三）抽穗结实期田间管理

1. 抽穗结实期的生育特点与栽培目标

（1）抽穗结实期的生育特点。水稻抽穗结实期是决定实粒数和粒重的关键时期。此期的生长中心由穗分化转为米粒发育。生理代

谢以碳代谢为主，光合产物主要输向籽粒。

（2）抽穗结实期栽培目标。田间管理的主攻方向是保穗、攻粒、增重。高产水稻要求绿叶数在开花后20天内，每个有效蘖仍能保持3~4片绿叶。

2. 抽穗结实期的壮苗标准

抽穗整齐一致，主茎穗和分蘖穗比较齐平，始穗到齐穗约5~7天。叶色正常，比抽穗前略深一些。单蘖或主茎绿叶数较多，与伸长节间数相当。乳熟期早稻应有3张绿叶，中稻应有4张绿叶。黄熟期早稻应有1.5张绿叶，中晚稻应有3张绿叶。最后3张功能叶直立挺拔。茎秆粗壮。根系发达，上层根多，抗倒能力强。整个田间清秀一致。

3. 抽穗结实期对外界环境的要求

水稻抽穗开花期是对高低温反应的又一敏感期。开花受精适宜温度是日平均温度24~29℃。日平均温度粳稻低于20℃、籼稻低于23℃时，花时明显延迟，开花零散，裂药不良，花粉萌发和花粉管伸长受阻，空粒多。一般认为日平均温度低于20℃、23℃分别是粳稻、籼稻安全开花受精的温度低限。籼稻花期长期高温伤害的临界温度为日均温30℃，短期高温伤害的临界温度为35℃。高温直接伤害花粉粒，也影响裂药和花粉管伸长。

籽粒灌浆结实的最适温度为日均温21~26℃，籼稻比粳稻要求稍高，昼夜温差大对灌浆结实有利。出穗后6~19天是影响结实率的敏感期，影响千粒重的敏感期则在出穗后11~15天。高温影响籽粒充实的主要原因是呼吸强度加大，细胞提早老化，根叶早衰落，灌浆期缩短，同化产物各界不够充分所致。

光照充足，光合产物多，产量高。

4. 抽穗结实期田间管理措施

（1）水浆管理。抽穗开花期要保持水层；乳熟期采取间隙灌溉，维持田间湿润即可，但不宜断水；黄熟初期即断水。

（2）根外追肥。齐穗后视苗情追施粒肥，叶色落黄的田块用1%尿素加0.2%~0.3%磷酸二氢钾于下午3时以后对植株上部功能叶进行喷施。叶色偏深的田块单独采用0.2~0.3%磷酸二氢钾根外喷施。

（3）病虫害防治。抽穗后仍要注意对水稻稻飞虱、纹枯病、白叶枯病、稻瘟病等的防治。

（4）适时收获。当田间90%的谷粒变黄时，应适时半喂入联合收割机收获。

第三节　机械直播水稻栽培技术

机械直播水稻是指直接将稻种用机械播于本田而省去育秧和移栽环节的种植方式。近几年水稻直播栽培面积迅速扩大，人工直播田间出苗不均匀、长势不整齐，杂草防除难，不易管理，不同田块之间产量差距较大。推广机械直播栽培是直播稻发展的主要途径之一。

一、机械直播水稻栽培的优势与生育特点

（一）机插直播水稻的优势

1. 操作简单

机械直播水稻具有劳动强度低、生产作业成本低、作业机具简单、作业效率高、产量较高、适合大规模生产。

2. 提高复种指数

由于直播水稻不需秧田，有利于扩大播种面积，提高复种指数。

3. 便于机械种植，规模经营

机械直播水稻从整地、播种、化除一直到收获，可实现全程机械化作业，大大减轻了劳动强度，缓解了劳动力的季节性矛盾，便于水稻生产的规模化及农业结构的调整。

（二）机械直播水稻的生育特点

1. 生育期缩短，总叶片数减少，抽穗期推迟

直播稻无需育秧，没有秧田生长期，播种期比移栽稻晚，但由于没有移栽植伤造成的返青活棵期，在大田肥、水、温、光、气条件充分的状态下，苗期生长较快，全长育期一般比移栽稻短 15~25 天，其缩短主要在营养生长期，生殖生长期与移栽稻无明显差异。因此，要调整肥料运筹，减少前期用肥量，降低高峰苗，重点保证长穗期的肥料用量，促进大穗形成。

从出叶速度和一生总叶片看，直播稻和移栽稻一生总叶片数相差不大，一般直播稻少 0.5~2 张，但出叶速度和叶片大小差异明显，个体叶面积降低 3%~10%，伸长节间数也由 6 个降至 5 个。因此，生产上要使适宜穗数相应增加 3%~10%，播种早的增加少些，反之多些。如武粳 15 等品种，移栽稻的适宜穗数是每亩 20 万左右，直播稻的适宜穗数应在每亩 22 万左右。但由于直播稻穗数不是主要矛盾，因此穗数指标不能提高太多，增穗过多往往是得不偿失，不仅增穗之得弥补不了减粒之失，而且易造成倒伏。

直播稻本田生育日数比移栽稻长，而成熟期多迟于移栽稻。盐城市直播稻与人工栽稻比，播种期一般在 6 月 10—15 日，迟 15~30 天；9 月上中旬齐穗；10 月底左右成熟，迟 3~4 天；全生育期 140~145 天，缩短 15~25 天。这关系到直播稻播期的确定和品种的选择问题。就产量形成而言，粳稻最佳抽穗期的日均温度为 24~26℃，其下限温度更适合优质米的形成。生产上，不能采用安全齐穗期的温度指标，因为这样做不仅影响产量，而且可能降低整精米率，因此要争取早播。同时，还要根据各地的品种和气象资料具体确定适宜的播期，并根据播期长短来搭配好不同生育期品种的茬口安排。

2. 二次分蘖比例高，群体成穗率低

移栽稻秧田期秧苗生长环境不如直播稻优越，移栽时又受植伤影响，所以分蘖缺位多，低位分蘖少，相对而言高位、高次分蘖较

多。而直播稻播种浅，分蘖节置于优越的温、光、肥、水环境条件下，光强肥足，十分有利于分蘖萌发和生长，前期一般没有分蘖缺位，能连续产生低位分蘖，叶蘖同伸关系较好，但随着群体迅速扩大，高位分蘖和高次分蘖因株间竞争而受到抑制。所以，与移栽稻比，直播稻分蘖起始蘖位低，而终止蘖位也低，优势蘖位在第 2~6 分蘖节位，移栽稻优势蘖位在第 4~8 分蘖节位。从分蘖发生时间看，一般秧田期叶面积指数为 3.5~4 时，秧苗分蘖就停滞了，故移栽稻二次分蘖较少，而直播稻在 7 叶期二次分蘖开始发生，8 叶期明显可见，二次分蘖发生期往往就是分蘖的激增期，分蘖成几何级数猛增。针对直播稻这一生育特点，要在生产中注重控制群体起点和高峰苗。

3. 个体生长量小，穗形变幅大

由于直播稻总叶数减少，群体增大，成穗率偏低，导致个体生长量小，穗形偏小，一次枝梗较移栽稻减少。因此，生产上在重视增粒增产的作用，充分发挥现有品种大穗优势的同时，要充分发挥直播稻有效分蘖期，即大维管束增生期的增生作用，为一次枝梗奠定基础；提高群体成穗率，提高有效茎蘖的生长量，为大穗形成打下物质基础；科学运筹肥料，前足中稳后补，氮磷钾协调平衡施肥，有机无机肥结合。

4. 根系总量多、分布浅，根系活力强

直播稻和移栽稻的根系存在极明显的差异，总体而言，直播稻播种浅，发根旺盛，总根量大，纵向横向伸展的根系均多于移栽稻，尤其是横向扩展快，根量浅层分布多，根系活力明显强于移栽稻。但管理不善，脱水过早，水分不足时，直播稻又易出现早衰；若水分过多，田间长期淹水，则易出现倒伏。同时，直播稻因生育期缩短，总叶片数减少，加上分蘖量大而影响了根系和根系下扎，因此，直播稻要防止倒伏，并且要贯串水稻一生。

5. 产量构成特点呈现为穗数多、穗形小

直播稻产量构成的主要特点是穗数多、穗形小。一般产量水平

下，直播稻以穗数取胜，但高产栽培则要在一定穗数范围内，主攻大穗形。

6. 生育起点与杂草生长几乎同步，易造成草害

直播稻田的杂草一般先于水稻种子萌发，与稻同时生长。直播稻播后采用浅湿灌溉，前期田间小环境十分有利于杂草生长，表现为出草种类多，生长旺盛，数量大、出草时间长、高峰多，形成草欺苗，严重影响直播稻的早发和生长发育。因此，除草成为直播稻生产的一大关键。在抓好“一封二杀三补”化学除草的同时，要特别重视田面的平整度，使稻田免受药害和水害，并以麦田沟系标准开好内外沟，确保内外沟系配套，保障灌排畅通，以提高化除效果和水浆管理水平。

7. 病虫鼠害发生与常规稻错开，防治技术要求严

直播稻由于播种期推迟，与移栽稻生育期错开，成熟期也略晚，往往成为某些病虫的桥梁寄主。因此，直播稻田病虫与大面积移栽稻有所不同，一般发生种类多，为害重。单季稻旱直播，苗期主要有稻蓟马、稻象甲，中期由于群体大，生长嫩绿，稻纵卷叶螟、纹枯病为害重，后期由于抽穗迟，气温低，易感稻瘟病、稻曲病。应根据各地病虫测报，选用高效、广谱、低毒、低残留新型农药，适时防治。鼠雀危害是影响直播稻尤其是撒播一次全苗的重大障碍，一般采用带药下种和投放毒饵的办法防鼠雀害。

二、直播水稻机械播种技术

（一）抓好茬口、品种、播期配套

从生产实际出发，根据劳力、机械化程度、肥料、季节等条件，按轮作要求，适当扩大大麦茬和油菜茬，因地制宜安排茬口和品种搭配，使抢收抢种季节提前。在直播稻品种选择上，既要看产量、品质和抗性，更重要的是看这个品种作直播稻栽培能否安全抽穗。盐城市一般选用生育期 150 天以内的中熟中粳稻品种，如武运粳 27

号、连粳10号、武运粳21号等。为便于管理措施落实，直播田块应选用同一品种、集中连片种植。

在直播水稻播期掌握上，盐城市麦茬直播水稻宜在6月10日前播种结束，最迟不要超过6月15日。只有抓住适期播种，才能确保直播稻的稳产、高产，有利于抢季节搞秋播。

（二）抓一播全苗

1. 抢腾茬整地，确保整地质量

土地平整是夺全苗、提高化除效果、确保平衡施肥的基础。直播田块要达到田面平整，无裸露的残茬、杂草，耕层深厚松软，高低相差不要超过3厘米，三沟配套，并保持畅通。前茬秸秆全量还田的，要切碎秸秆，匀撒秸草；施足基肥，每亩施用45%（15-15-15）的复合肥25~30千克，加尿素10千克，及时旋耕，耕深15~20厘米。

2. 确定适宜播量

在水稻栽培中，若基本苗相同，穗数越多则产量越高；穗数相同，基本苗少则产量高。针对直播稻的生育特点，应扬其分蘖期长、可利用分蘖节位多，群体发展快之长的特点，避其无效分蘖多、中期群体大、成穗率低、穗形小之短。麦茬直播稻应在确保适宜穗数的前题下，通过降低基本苗数来促进穗群整齐，增加粒重。鉴于目前现有的技术性能和大田出苗水平，机械直播亩用量一般为4~6千克。

3. 种子处理

直播稻播前要进行晒种、选种、浸种消毒等环节。

（1）晒种。将种子薄薄摊开，晒1~2天，并做到勤翻，使谷壳通透性变好，吸收快，并使谷粒内酶的活性加强，胚的活性增强。

（2）选种。确保种子饱满。一般用筛子或精选机筛选，筛出带小枝梗的谷粒，去除空粒、秕粒和杂草种子。

（3）浸种消毒。浸种消毒是防治水稻种传病害的必要手段。浸

种的药剂可选用25%氰烯菌酯悬浮剂3克，对水6~7.5千克，或17%杀螟·乙蒜20~30克，对水6千克，可浸稻种5~6千克，浸种60小时。种子药剂浸种后不用淘洗，直接催芽，待种子鼓嘴露白后即可晾干播种。

4. 直播水稻机械播种方法

（1）机械水直播作业程序。腾茬后初步平田（秸秆全量还田的麦茬田，要切碎秸秆，匀撒秸草）→上水（泡田）→旋耕整地，施面肥（亩施用45%的复合肥25~30千克，加尿素10千克）→土壤适当沉实1~2天后放干水→机械播种露白稻种→开沟（每4~5米开一条，沟宽20~25厘米，沟深15~20厘米），清理畦面，排尽畦面积水→播后苗前封闭化除。

（2）机械旱直播作业程序。腾茬后旋耕整地，结合施肥（秸秆全量还田的麦茬田，切碎秸秆，匀撒秸草，亩施用45%的复合肥25~30千克，加尿素10千克）→机械条播（一般应播露白稻种）→清理墒沟，沟土均匀覆盖板面（一头低一头高的大块农田，应分段筑埂隔田，避免灌水后高处无水、低处淹水）→沟灌洇水，至板面完全湿润→播后苗前封闭化除，并保持畦面湿润。

三、机械直播水稻田间管理技术

（一）水浆管理

以间隙灌溉为主，经常保持田间湿润。播后灌齐苗水，水深3~5厘米，以满足种子发芽出苗的需要。灌齐苗水要考虑到土壤的质地、地块平整程度和天气情况。砂性土壤耗水快，灌水可深一些；黏性土蓄水能力强，水可灌浅一些，平整度差的田块，以灌“跑马水”为宜，否则会出现凹处水深淹死苗，高处无水草荒苗的局面。播后遇连续阴雨天气，则应及时排除田间积水，防止淤种烂芽。

4叶期前，秧苗小、根系弱，大水易淹苗，无水易干苗。为促根长叶，培育壮苗，土壤水分不宜过多，氧气含量不能少，以保持田间土壤经常处于湿润状态为佳。特别是出苗到3叶1心期，无特殊情况田间不建立水层，以排水露田为主，促进根系下扎。

秧苗4叶期以后进入分蘖期，采用干湿交替的灌溉方式，每灌一次水，使田间保持3天有水（浅水层），2天干，遇连续阴雨天放光水，使田间保持湿润状态。待总茎蘖数达到计划穗数的80%时，及时排水搁田，防止分蘖过多增加田间郁闭程度，并多次轻搁，一般搁至田土不陷脚为止。

拔节至籽粒灌浆阶段，由于田间群体大，水分蒸发消耗少，每次水层落干3~4天，再换一次浅水层。如遇连续阴雨，仍需放干田间水，从而使土壤始终保持水气协调最佳状态。这样做不仅可以节省大量的田间用水，更能促使水稻地下根系和地上茎叶、个体和群体协调发展，从而活熟到老，取得高产。

（二）肥料运筹

直播稻的施肥规律与移栽稻有所不同，直播稻群体大，本田生育期长，总施肥量要比移栽稻稍多，一般为移栽稻秧田和大田的施肥总量。直播稻的施肥有三个基本原则，一是前促、中控、后补，二是氮磷钾协调平衡施肥，三是有机无机结合。一般亩产600千克的直播稻田每亩需施纯氮20~23千克，折算成尿素45~50千克，基肥氮肥要全层施用，不要面施，以提高肥料利用率和缓慢发挥肥料作用。穗肥分两次施用，偏重于保花肥，因为直播稻一般只有5个伸长节间，是先穗分化后拔节，如重促不仅易引起倒伏，而且易影响群体从氮代谢向碳代谢的适时转移。如果群体小，落黄早，则可采取促保并重的施肥方法。直播稻易倒伏，要注意氮磷钾搭配施用，重视磷钾肥尤其是钾肥的施用，一般要求氮：磷：钾比例为1：0.5：（0.50~0.8），并注重硅肥施用。

（三）及时防除杂草

科学有效地防除草害是直播稻成功与否的关键。直播稻将种子直接播种在大田里，稻种和杂草种子同时发芽，加上直播稻播种稀，

苗间距离大，光、温、肥、水条件好，有利于杂草生长，田间杂草发生多、生长期长，如不及时化除，易造成草害。

直播稻杂草防除应采取农艺措施和化学除草相结合的方法。农艺措施主要有：一是建立地平沟畅、保水性好、灌溉自如的水稻生产环境；二是结合种子处理清除杂草种子，并结合耕翻，消灭土壤表层的杂草及其种子；三是定期的水旱轮作，减少杂草发生；四是提高播种质量，一播全苗，以苗压草。

直播稻田的化学除草要抓早、抓小，药剂防除与人工拔草相结合，可以采取“一封、二杀、三拔除”的除草技术。目前市场上的除草剂种类繁多，具体操作应根据植保部门的《病虫情报》和杂草防治技术意见因地制宜开展。

（四）防治病虫害

麦茬直播稻播种期要比移栽稻推迟 20~25 天，生育进程也晚于移栽稻，因而病虫种类及其发生时期也有所差别。特别是稻象甲的成虫盛发期和直播稻的幼苗期相吻合，对保苗危胁很大，稻蓟马也往往在直播稻的 3~6 叶期发生，另外直播稻要加强对三四代纵卷叶螟、三四代褐飞虱以及纹叶枯、稻瘟病、稻曲病的防治工作。

四、机械直播稻田稆稻防除技术

稆稻，俗称自生稻、红米稻、杂草稻等。非人为栽培种植的水稻统称稆稻。稆稻早熟易落粒，成熟时种子落于田中，第二年条件适宜时萌发成苗，像杂草一样。这样年复一年，繁殖蔓延。由于稆稻繁茂性强，在稻田与栽培稻争夺阳光、养分和水分，妨碍水稻生长。且自身早熟，落粒无收，严重影响水稻产量，部分未落粒的稆稻与栽培稻一起收获，又因其粒型小，果皮有色素沉淀，影响稻米加工及外观品质。近几年，稆稻的发生越来越普遍，发生范围广、危害重。稆稻不仅影响当茬水稻，对来年水稻生产构成威胁。稆稻主要通过种子调运进行大范围远距离扩散，通过农事活动等近距离传播。

（一）最佳方案—防微杜渐早拔除

从稆稻的发生和危害规律看，在正常栽培的水稻拔节、抽穗前，早熟特性的稆稻一般拔节、抽穗较早，这些稆稻在田间通常植株较高，具有籼型特征的稆稻一般叶片比较宽大、色淡，分蘖力较强，株型较松散，特别是在其刚开始抽穗时，在田间很显眼，容易识别，便于拔除。到正常栽培的水稻抽穗后，这些稆稻常由于株高较矮，会淹入栽培稻群体中，不便于查找和拔除。对于与栽培稻同时抽穗或者抽穗更迟的稆稻，最好也及时拔除，以免影响稻米品质。特别是一些籼型稆稻，即便与栽培稻同时抽穗，也通常会在收稻前提早落粒，成为来年田间的稆稻种源。

对于前期在田间发现的稆稻，应连根拔除（稻株较小时可以拔起后就地踩入泥中），不能采取割除的方法，否则它们会很快产生分蘖重新生长。到中后期，田间水稻生长繁茂，拔除稆稻相对比较费力，可以用镰刀割除。尽量齐泥或者切入泥下将稆稻割除，否则稆稻仍可能重新生长抽穗结实。从田间剔出的稆稻，最好集中带离农田妥善处理，或者用刀在稻株基部切断，不要随手抛弃在田边地头或沟中。

（二）稳妥方案—改移栽稻早封杀

在直播稻田、套播稻田稆稻比较多，特别是早熟稆稻很多，难以完全拔除，落入田间的稆稻种源很多的情况下，第二年不宜再采用直播方式种稻。最好采用与玉米、大豆等作物轮作的方式，在玉米、大豆等作物生长季节锄去稆稻，或者用除草剂化除。轮作换茬不方便的田块，可以深耕整地后移栽水稻（育秧时避免使用带稆稻种子的土壤和地块），活棵后撒施含乙草胺、丙草胺（不含安全剂）成分的移栽稻田除草剂进行土壤封闭处理。乙草胺、丙草胺在水田施用活性很强，能强烈抑制残留田间的稆稻种子的萌发，并对稆稻幼苗也有较强的杀灭作用，施药后能迅速减轻田间稆稻危害。施药后一周内应保持田水不淹栽培稻秧心，否则容易产生药害。

（三）应急方案—巧用丙草胺封杀

头年只有少量稆稻种子落入田间的田块，可以利用丙草胺产品的特点，巧除稆稻，减少田间稆稻的发生量。丙草胺本身对稻种萌发有很强的抑制作用，不能直接应用于直播稻田的播后苗前土壤封闭处理。目前登记用于直播稻田的扫弗特、丙·苄等含丙草胺产品，其中均加有安全剂解草啶。解草啶需要由稻种萌发的根吸收后才能起作用。稻种催芽后水直播，随后立即喷施扫弗特、丙·苄等加有安全剂的含丙草胺产品，对已萌发的栽培稻没有伤害，但能抑制田间稆稻种子的萌发和出苗（6 月初直播稻播种期温度高，水稻种子吸水萌发一般只需要 2~3 天时间，应掌握在田间上水后 2 天内及早用药，这样才能对稆稻萌发和出苗有较好的抑制作用）。

相对来说，在旱直播稻田很难通过使用丙草胺等土壤封闭处理剂来有选择地防除稆稻。生产上水稻旱直播一般采用干籽播种方式，播种后不能立即喷施丙草胺，否则同样会影响播种的稻谷萌发出苗。如果等播种的稻谷露白后再喷药，此时田间稆稻也已萌发，不能被防除。在播种后能及时上水的情况下，可以播种浸种至露白的种子，播后及时上水（不能及时上水时，芽谷会发生“回芽”现象，影响出苗），水落干后立即喷施丙草胺及其复配剂，对稆稻萌发也有一定的抑制作用。相对来说，在旱直播条件下土壤水分较少，施药后丙草胺在土壤中的分布会受一定影响，而且药物在土壤中的移动性较差，对稆稻萌发和出苗的抑制作用不如在水直播田的大。从控制稆稻发生和危害的角度考虑，宜尽量采用水直播方式。

第四节　稻谷机械低温干燥技术

一、稻谷中水分特征与干燥

（一）稻谷中水分特征

水分是稻谷中一个重要的化学成分，也是人体不可缺少的物质。稻谷中的水分不仅对种子的生理有很大的影响，而且与稻谷的加工及保管都有很大的关系。水分过高是稻谷发热霉变的主要条件，适当的含水量又是保证稻谷加工顺利进行的重要前提。所以，稻谷水分的高低与稻米的价值密切相关。在正常的情况下，一般含水量为13%~14%。水分在稻谷中有两种不同的存在状态，一是游离水，二是结合水。

1. 游离水

又称自由水，存在于谷粒的细胞间隙中和谷粒内部的毛细管中。游离水具有普通水的一般性质，能作为溶剂，零摄氏度能结冰，参与谷粒内部的生化反应，一般子粒的水分达到14%~15%时，开始出现游离水。游离水在谷粒内部不稳定，受环境湿度的影响，谷粒内的游离水可因吸湿而增加，也可因解湿而减少，谷粒水分的增减主要是游离水的变化。

2. 结合水

又称束缚水，存在于谷粒的细胞内，与淀粉、蛋白质等亲水性物质结合在一起，因此性质稳定，不易散失，也不具有普通水的一般性质，在温度低于-25℃时也不结冰，不能作为溶剂，不参与谷粒内部的生化反应。要排除这种水，需要消耗较多的能量，一般日光晒后或机械烘干，对谷粒的结合水没有影响。干燥的稻谷只含有结合水，因此生理活性低，在保管中比较稳定，不易发热生霉变。稻

谷水分在13.5%以下，可看作全部是结合水。在105℃的温度下维持一定的时间，稻谷中绝大部分结合水都能挥发出来，因此采用105℃烘干法，测得的稻谷水分是游离水和结合水的总和。

（二）稻谷干燥

谷物的干燥实际上是通过干燥介质（如空气、红外线等）不断带走谷物表面水分的过程。在干燥过程中，随着谷物表层水分的降低，稻谷内部的水分不断向表层移动，直至介质无法从表层带走水分，稻谷内部与外分水分逐步达到平衡。

1. 稻谷干燥的方式

稻谷干燥的方式主要有日光晾晒和机械烘干两种。

（1）日光晾晒。日光晾晒的前题条件是在稻谷收割后要有晴好干燥的天气和与晒谷量相适应的场地。天气因素是目前人类最难以控制的，晒场受耕地保护政策的影响手续难批。

（2）机械烘干。机械烘干的方法主要有快速干燥法（高温干燥、冷冻干燥、真空干燥）、低温干燥（低温热风干燥、远红外干燥）、连续干燥和批式干燥等。随着科学技术的发展，现代的谷物机械化干燥技术也日新月异，谷物机械化干燥已有原来以降低谷物水分含量、减少储存霉变损失的单一目标，发展为如今在降低谷物水分含量的同时，对谷物质地进行调制，达到既降低水分，又提高谷物内在品质，提高种子发芽率，最终提高粮食附加值的双重目的。

2. 稻谷干燥程度对米质的影响

稻谷在收获后，有后熟作用，主要表现在稻米结构的日趋成熟和完善，包括淀粉粒的排列、整合，定形与淀粉的转化等。因此收割后稻谷干燥处理直接影响稻米的品质和耐贮性。不当的干燥处理主要有以下两种情况。

（1）干燥过度。稻谷干燥过度是指短时间内通过高温使稻谷内的水分含量急剧下降，从而使米质变差。主要体现为：一是对食味的影响。高水分的稻谷在高温下干燥会使稻米的品质变坏。例如，含水率25%以上的稻谷在40℃以上的温度干燥时，稻米中的葡萄糖还原糖增加，同时影响稻米食味的酶的转化率减少，脂肪和氨基酸从皮层和胚芽向胚乳外层转移，可溶性糖类向胚乳层转移，新米的香味丢失，黏性和柔韧性降低，食味下降；二是对谷物发芽率的影响。高水分稻谷的种芽处于诱发状态，快速降水胚芽会烧死。因此，谷物水分大于25%，应先采用冷风干燥，当含水率低于25%时再点燃干燥机的加热系统；三是对爆腰率的影响。干燥温度过高，谷物外部水分的蒸发过快，内层水分转移速度跟不上，内外层水分差异较大时，导致谷物引力集中而产生裂纹，俗称“爆腰”，碎米率增加，整米率下降。因此，要控制降水速度在每小时1%以下，以每小时0.5比较适宜。

（2）干燥不足。因干燥谷物的品种、收获时间、地点和水分的差异，或因操作不当或水分测定等控制机构不准确等因素导致干燥时间和速度调节不当，谷物干燥后，不正确的水分会直接影响储存时间。特别是水分和温度较高的谷物马上封存或运输时，可能会出现稻谷发热，甚至变质等问题，造成不必要的经济损失。

3. 稻谷低温干燥的优点

（1）有利于稻谷储藏。机械化低温干燥均匀性好，适宜的低水分有利于谷物长期储藏。

（2）可减少自然灾害损失。收获季节，由于农时紧张，阴雨天气较多，农村没有晾晒场地等因素，谷物适期收获，自然晾晒比较困难，易造成谷物堆积高温变质或霉烂损失。采用机械干燥可不受气候影响，减少自然灾害造成的损失。

（3）可提高谷物品质。自然晾晒由于受到气候和场地等制约，无法保证干燥质量，采取低温循环式干燥谷物，可以按照一定的规律，逐步去除谷物水分，提高干燥后谷物的品质。

（4）可增加经济效益。采用谷物低温干燥技术，生产出的优质

粮，每千克稻谷增加0.15元左右的纯收入，按每亩稻谷650千克产量计算，每万亩稻谷可创收100万元左右。

二、循环式低温谷物干燥机简介

1. 工作原理

在控制系统或电脑智能控制下，采用加热装置（燃烧器）产生的火焰加热空气或远红外发生器，再由热空气或远红外线与稻谷充分接触并使谷粒加温，在激活、加速谷物中水分子运动的同时，将水分带走。低温干燥（室温20~25℃）主要是在干燥过程中控制谷物受热温度（谷温不超过35℃）来达到控制谷物内部水分向外移动的速度，同时在干燥过程中采用循环方法，使谷物周期性地进入干燥部和储留部，周期性地进行加热和缓苏，从而可以精准地控制干燥速度，防止或减少出现爆腰。如果在干燥过程中增加间隙调制工艺，可使谷物中的淀粉、糖、脂质等保持在最佳状态，也就是使谷物保持最佳的生命体征。

2. 工作流程

循环式低温谷物干燥机工作流程见图5-3。

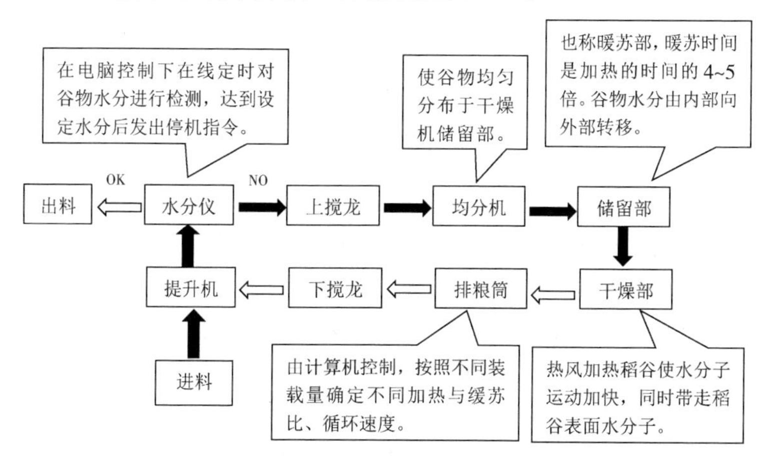

图5-3　循环式低温谷物干燥机工作流程

3. 谷物循环式干燥机性能指标

循环式谷物干燥机部分重要性能指标见表5-1。

(1) 降水率或降水速度。以单位时间的降水百分比表示。这是反应干燥机生产效率的重要指标。为了保证干燥质量，国际上干燥水稻的降水速度一般应控制在1%以内，否则就容易产生爆腰、降低稻谷发芽率等现象。目前绝大部分低温循环式干燥机的降水速度设定为每小时0.5%~1.0%，而且所有干燥机生产企业都以一定的百分比范围表示，而不是一个固定数值。原因是：尽管干燥机可以对干燥温度及风量等参数有效控制，但干燥速度的快慢还受到外界温度、空气中的含水率（相对湿度）等因素的影响。所以即使是同一台干燥机，如果在不同的季节、不同时间或不同地点使用，其干燥效率都会不一样。

(2) 单位降水耗能。即被干燥物料每降1千克水所消耗的总能量（包括热能与电能），干燥机能耗指标高低取决于干燥机的结构设计、机械运动参数、干燥程序选择是否得当等因素。

(3) 烘后稻谷发芽率降低值。对于性能优良的干燥机，烘后的稻谷发芽率应该不低于烘前的发芽率数值，所以此项指标应该是一个小于等于零的数值。

(4) 烘后破碎率增加值。由于在干燥过程中稻谷受到干燥温度的影响和循环过程中的机械损伤，破碎率一般会比干燥前有一定程度的增加。

(5) 干燥水分不均匀度。由于被干燥稻谷的初始水分差异大、机器循环过程中的不均匀性或干燥机存在死角等因素，稻谷在经过干燥处理后的最终水分一般无达到绝对均匀，都会存在一定的差异。最高水分值与最低水分值之差称为干燥水分不均匀度。国家标准规定，储藏安全水分值时的水分不均匀度应小于等于0.5。

(6) 进出料时间。为了提高干燥机的生产效率，一般希望机器的进出料时间越短越好。决定干燥机进出料时间长短的主要机器参数是由提升机皮带的现速度、料斗的大小及其在皮带上的排列密度

所决定的。正常情况下一台10吨装载量的干燥机的进出料时间应控制在70~90分钟。

(7) 机器工作可靠性。也可称为可靠性有效度，以百分数表示，它是机器正常工作时间与总工作时间（正常工作时间加故障与维修时间）之比。

表5-1　循环式谷物干燥机部分重要性能指标（NY/T370—1999）

项目	单位	规定数值	备注
单位降水耗能	Kj/kgH_2O	≤5800（水稻） ≤5200（水稻）	一等品
烘后发芽率降低值	%	≤0	不低于烘前
烘后破碎率增加值	%	≤0.8	一等品
洪后水分不均匀度	%	≤0.8	一等品
可靠性有效度	%	≥97	一等品
工作噪声	dB	≤83	一等品
工作间粉尘浓度	mg/m^3	10	

第五节　优质稻米机械加工技术

优质稻米是指应用优良品种，良好的生长自然环境及管理；用半喂入联合收割机收获；及时科学干燥。应在规定的时间内以规定的速度将谷物含水量降低；科学的加工、碾制；科学的食用方法。优质大米的唯一特点是它必须是活体，必须在规定时间内食用。

一、稻米加工的工艺要求

一般稻米加工的工艺要求见表5-2。

表 5-2　一般稻米加工的工艺要求

序号		项目	要求	备注
1	清粮	含杂率（%）	≤0.3	
		脱壳率（%）	早籼　晚籼　晚粳 ≥75　≥78　≥80	
		糙碎率（%）	≤8　≤6　≤4	
2	砻谷	谷糙混合物中含稻壳（%）	≤1	
		胶辊材料	无毒	
		胶耗［kg（稻谷）/g（胶）］	≥25	加工稻谷符合GB1350 标准中三等以上
3	谷糙分离	净糙中稻谷含量（粒/kg）	≤30	
		总碎米率（%）	早籼　晚籼　晚粳 ≥39　≥30　≥20	
4	碾米	大米中含谷量（米/kg）	≤10　≤10　≤8	
		大米中含糠粉率（%）	≤0.15	
		成品温升（℃）	≤14	
5	白米分级	特级米含碎率（%）	≤4.5	
		增碎率（%）	≤2	
6	抛光	含水率（%）	籼米　粳米 ≤14.5　≤15.5	
		含糠粉率（%）	≤0.1	可选项
		抛光剂（水）	应符合 GB 5749 要求	
		成品温升（℃）	≤14	
7	色选	色选精度（%）	≥99.9	

二、稻谷加工的工艺流程

稻谷加工工艺流程，是指稻谷加工成成品大米的整个生产过程。

它是根据稻谷加工的特点和要求，选择合适的设备，按照一定的加工顺序组合而成的生产作业线。为了保证成品米质量、提高产品纯度、减少稻谷在加工过程中的损失、提高出米率，稻谷加工必须经过清理、砻谷及砻下物分离、碾米及成品整理等工艺过程。

（一）清理工段

清理工段的主要任务是以最经济最合理的工艺流程，清除稻谷中各种杂质以达到砻谷前净谷质量的要求。原粮经过清理后所得净谷含杂总量不应超过 0.6%，其中含砂石每千克不应超过 1 粒；含稗每千克不应超过 130 粒；清除的大杂物中不得含有谷粒，稗子含谷不超过 8%，每 1 千克石籽含谷不超过 50 粒，清理工段一般包括初清、除再、去石、磁选等工序。目前常用的清理流程为原粮稻谷→初清→筛理→去石→磁选→净谷，主要有以下几步。

第一步初清：主要是风选，清除大型杂质，在筛孔配备适当的情况下，能去除稻谷中草秆、绳头、稻穗等流动性差的性质，并能顺利将这些杂质排出。

第二步筛理：采用清理筛去除小于稻谷的小型杂质。清理筛的末端都配有风道，通过垂直道可以去除各种轻杂质。

第三步去石：就是去除小于稻谷的石头，一般采取“二次分选”逐步“浓缩”去石法；也可用重力分级去石法，具有高效去石效果，且石中含谷极少。

第四步磁选：主要清除磁性杂质，达到一次清除效果。

通过上述几道工序，清理后净谷杂质总量<0.5%，其中含砂<1粒/千克。

（二）砻谷工段

砻谷工段的主要任务是脱去稻谷的颖壳，获得纯净的糙米，并使分离出的稻壳中尽量不含完整稻谷粒。脱壳率应大于 80%，砻谷中含糙率不超过 10%，所得糙米含杂总量不应超过 0.5%，其中矿物质不应超过 0.05%，每千克含稻谷粒数不应超过 40 粒，含稗粒数每千克不应超过 100 粒。分离出的稻壳中每 100 千克含饱满谷粒不应超过 30 粒；谷糙混合含量不大于 0.8%，糙粞内不得含有正常完整米粒和长度达到正常米粒长度 1/3 以上的米粒。砻谷工段包括砻谷、稻壳分离、谷糙分离等工序。

1. 砻谷

稻谷加工过程中，去掉稻谷壳的工艺过程称为砻谷，砻谷后的混合物称为砻下物。砻下物是谷糙混合物，主要是糙米和尚未脱壳的稻谷、稻壳。

2. 谷糙分离

根据碾米工艺的要求，谷糙混合物必须进行分离，分出纯净的糙米供碾米用，并把分出的稻谷回砻谷机再次脱壳。基本原理是充分利用稻谷与糙米的物理特性方面的差异，使它们在运动过程中产生良好的自动分级，从而进行分离。

（三）碾米工段

碾米工段的主要任务是碾去糙米表面的部分或全部皮层，制成符合规定质量标准的成品米。碾米工段包括碾米、擦米、凉米、白米分级等工艺，还需设置糠粞分离工序，目的在于从糠粞混合物中将米糠、米粞、碎米及整米分开，做到物尽其用。为了保证连续性生产，在碾米过程中及成品米包装前应设置仓柜，同时还应设置磁选设备，以利于安全生产和保证成品米质量。生产优质米的抛光工艺安排在白米分级之后，色选工艺安排在包装之前。

（四）包装工段

1. 包装标准与要求

包装重量要小型化、多样化，满足多种层次消费者的需要，除标明米质外，还要标明优质稻米的产地的实际指标标签，外包装要打上条形码印证。

2. 包装材料要求

无公害优质稻米、绿色食品稻米、有机食品稻米产品包装材料

必须符合相应的标准。

三、优质稻米加工关键技术

（一）稻米调质

稻米调质是指对碾白前的糙米进行温度和水分的调节。对于低水分稻谷或烘干的稻谷，糙米皮层硬度高的胚乳结合力强，碾米时比较困难，碾白强度大则易碎米。在碾米前对糙米表层进行加温、加湿，软化皮层，即把在碾米中应该去掉的糠层进行软化，这样再进行碾米，不但碾米的效率可以提高，碾出的米表面也比较光洁，脱胚率可大幅度提高，碎米率亦可降低。

稻米调质技术分为两种：

1. 稻谷调质（润谷）

稻谷调质适用于稻谷水分较低的情况，稻谷通过初清杂质及部分轻杂后，由着水器根据稻谷流量自动平衡着水，着水量控制在2%~3%，润谷时间24~26小时。

2. 糙米调质（润谷）

糙米调质适合于水分略低于安全水分者，只能对即将破碎而暂保完整的米粒起一定的修复作用。糙米调质工艺应设置在谷糙分离机后，头道米机前，采用喷雾着水。着水量控制0.2%~1.0%，时间在2小时左右，条件允许时，可适当延长。

（二）碾米技术

碾米是稻谷加工过程中最重要的一道工序，成品率、成品质量等重要工艺指标很大程度上都取决于这道工序。现代碾米工艺，一般采用多机轻碾碾白路线，即用多台碾米机进行碾白，这样的碾白，碎米率少，整精米率高，大米外观品质好。

（三）大米抛光技术

米粒色泽光亮洁白是优质米的指标之一。为了使成品大米表面光洁，无糠粉，成品含糠量应低于0.02%。其实质是湿法擦米，将符合一定精度的大米，经着水、润湿以后，送入专用设备（大米抛光机）内，在一定温度下，米粒表面的淀粉胶质化，清除米粒表面浮糠，使米粒表面光洁细腻，提高大米的外观感官品质以及大米的商品价值；延长大米的贮藏期，保持米粒的新鲜度；改善和提高大米的食用品质，使米饭食味爽口、滑溜。

第六章 水稻主要病虫草害防控防治技术

第一节 水稻病虫害绿色防控技术

一、水稻病虫害绿色防控的概念

病虫害绿色防控是指以促进农作物安全生产，减少化学农药使用量，保障农产品质量安全为目标，采取生态控制、生物防治、物理防治、科学用药等环境友好型措施和专业化统防统治的先进防治方式来控制有害生物的植物保护行为。

二、水稻病虫害绿色防控的原则

从保护水稻生产安全出发，树立“公共植保、绿色植保、科学植保”新理念，坚持“预防为主，综合防治”的植保工作方针。优先采用农业防治措施，通过选用抗病虫品种，科学合理种子处理，培育壮苗，加强栽培管理，科学管水、管肥，中耕除草，清洁田园等一系列措施预防和减轻病虫草害的发生；大力推广生物防治、生态调控等综合治理技术，采用稻鸭共育防虫控草，利用灯光、性信息素诱杀害虫等措施控制病虫草害发生；必须使用农药时，要根据当地农业植保部门的防治技术方案，选用高效、低毒、低残留的对路药剂，科学进行防治。

三、水稻病虫害绿色防控主要技术

（一）农业防治

1. 选用抗（耐）病品种

选用经审定抗病虫良种，淘汰抗性差、易感病品种，提高水稻抗病虫能力。

2. 种子消毒

选用健壮饱满无病虫种子，播前选择晴好天气晒种、选种。落谷前用杀螟·乙蒜、氰烯菌酯等药剂浸种，预防水稻恶苗病、干尖线虫病等种传病害的发生。

3. 健身栽培

合理密植，科学管理肥水，及时露晒田，减少无效分蘖，增施磷肥和钾肥，控制氮肥，早施肥。

4. 耕翻田块

适时犁耙田，清除稻田菌核，压低螟虫基数。

（二）物理防治

1. 覆盖防虫网

秧池田全程覆盖防虫网，防止灰飞虱为害。

2. 灯光诱蛾

利用害虫对光的趋性，田间设置频振式杀虫灯，诱杀二化螟、三化螟、大螟、稻飞虱、稻纵卷叶螟等害虫的成虫，减少田间落卵量，降低虫口基数。

（三）生物防治

1. 稻鸭共育

在水稻分蘖盛期，每亩稻田放养15日龄鸭子12~15只，抽穗前收鸭。通过鸭子的取食和活动，减轻纹枯病、稻飞虱和杂草等发生为害。

2. 性诱剂诱杀

使用二化螟、稻纵卷叶螟性诱剂诱杀雄蛾，使雌蛾不能正常交配繁殖，减少下代基数，减轻发生为害。

3. 生物农药

用井冈霉素、井蜡芽、低聚糖素防治纹枯病、稻曲病；用春雷霉素防治稻瘟病；用阿维菌素、短稳杆菌、苦参碱防治螟虫、稻纵卷叶螟。

4. 保护天敌

保护利用稻田天敌，发挥天敌对害虫的控制作用。常用措施有：田埂种豆保护利用蜘蛛等天敌，保护青蛙、释放赤眼蜂等。

（四）化学防治

1. 正确选择药剂品种

根据不同类型的病虫害，正确选用高效低毒低残留的对路化学农药品种，做到对症下药。

2. 适期用药

根据当地植保部门发布的病虫防治信息，在主要病虫害的关键防治时期或达到防治指标时进行药剂防治。

3. 安全施药

用药防治时要使用先进的施药器械，应避开高温和强光照时段施药，避开水稻开花受粉期施药。

4. 安全间隔期和用药次数

严格按照 GB4285 农药安全使用标准、GB/T 8321 农药合理使用准则的规定控制安全间隔期与施药量，严格控制药剂在水稻生产上的用药次数。提倡药剂交替使用和科学混用。

第二节　水稻主要病害防治技术

一、水稻稻瘟病

（一）主要症状

稻瘟病在水稻整个生长期中都有发生，并可为害水稻不同部位，造成苗瘟、叶瘟、叶枕瘟、节瘟、颈瘟、枝梗瘟和谷粒瘟。

1. 苗瘟

一般发生在3叶期前，在芽的基部和芽鞘上先出现水渍状斑点后变为黄褐色枯死，3叶期后叶片上出现病斑。

2. 叶瘟

在秧苗3叶期后至穗期叶片上发生，分为急性型病班、慢性型病斑和白点型病斑。急性型病斑近圆形或椭圆形，暗绿色，叶片正反面都有大量的霉层，这种病斑的出现是叶瘟流行的预兆。慢性型病斑呈梭形，中央灰白色，边缘红褐色，外围有黄色的晕圈，两端有纵向褐色坏死线。白点型病斑呈白色，近圆形。

3. 节瘟

节部最初产生褐色小点，后环绕节部扩展使整个节变为褐色。病斑可上下扩展到节间，有的在节间产生长条状黑褐色病斑。多雨潮湿时，病节上产生一层青灰色霉，后期病斑干缩凹陷，易折断倒伏。

4. 颈瘟

发生在穗颈、穗轴、枝梗和谷粒上。病斑初现暗褐色小点，逐渐向上下扩展，形成水渍状退绿病斑，后穗茎或枝梗成段变褐色或黑褐色，严重的变成白穗。谷粒病斑发生于内、外颖和护颖上，病斑椭圆形，灰白色，后期不明显。护颖最易感病，对谷粒饱满影响

不大，但常是苗瘟、叶瘟的主要侵染来源。

（二）侵染循环

病菌主要以分生孢子和菌丝体在稻草和稻谷上越冬。病谷易引起苗瘟、瘟，在薄膜育秧或保温育秧的秧田发生较多。带菌病稻草是稻瘟病的主要初次侵染源。春季气温回升，遇雨时病稻草上撒发分生孢子，借风雨向秧田传播，秧苗发病后，病部产生分生孢子又不断碾转为害。

（三）发病规律

稻瘟病的发生流行受气候、品种、栽培等因素影响。

1. 气候条件

气温 20~30℃，连续阴雨，或多雾重露天气，田间湿度大，稻株表面长时间有水膜，平均相对湿度在 90% 以上，稻瘟病往往会发生。

2. 水稻品种

水稻品种抗病性差异很大，存在着高抗至感病各种类型。同一品种以苗期（4 叶期）、分蘖盛期和抽穗初期最感病。一般籼稻较粳稻和糯稻抗病。

3. 栽培技术

病害发生与肥水管理关系密切。特别是氮肥施用过迟、过量，稻株贪青徒长，株间通风透光差，有利于病菌的侵染和繁殖。还会使分蘖期延长，无效分蘖增加，抽穗迟而不整齐，拉长了感病期。稻田长期灌深水，水温低，土温也低，使根系发育不良，吸收养分能力减弱，则病株抗病力低，加重发病程度。孕穗或抽穗期缺水或烤田过度，易诱发穗瘟。

(四) 防治方法

1. 农业防治

(1) 种植抗病品种。选用抗病相对强的品种种植，要注意经常更换新品种和品种合理布局、搭配，提高群体的抗病能力。

(2) 加强栽培管理。合理施肥，少施氮肥，增施磷、钾肥，适当施用含硅酸的肥料；合理密植，适时栽插，直播稻要早播，播种量要适当；浅水勤灌，适时搁田，控制无效分蘖，促进根系生长，增强抗病性。

2. 化学防治

(1) 控制叶瘟。田间一旦发生叶瘟，应立即施药防治，及时控制发病中心。每亩用40%稻瘟灵80~100毫升，或42%咪鲜·甲硫灵80克，对水40千克喷雾防治，严重田块防治两次，控制传播蔓延。

(2) 预防穗瘟。在水稻破口期至始穗期施第一次药喷药防治，然后根据天气情况在齐穗期施第二次药。每亩可选用75%三环唑可湿性粉剂40克，或40%稻瘟灵乳油每亩120毫升对水40千克进行喷雾。

二、水稻纹枯病

(一) 主要症状

纹枯病主要为害水稻叶鞘及叶片，严重时也侵害稻穗和深入茎秆。

1. 叶鞘

发病先在稻株近水面处的叶鞘上产生暗绿色水渍状的小斑，后逐渐扩大成椭圆形或云纹状，病斑多时互相合并成大斑纹。干燥时，边缘褐色，中部灰白色可灰绿色。潮湿时呈水渍状，边缘暗褐色，中央灰绿色，扩展迅速，病鞘常因组织受破坏而使其上的叶片枯黄。

2. 叶片

病斑与叶鞘相似。病重的叶片因病部扩展快，呈水渍状污绿色，最后枯死。

3. 茎秆

茎秆受害，初呈灰绿色病斑，后绕茎扩展，可使茎秆一小段组织呈黄褐色坏死，严重时稻株折断倒伏。

4. 稻穗

稻穗受害，初呈污绿色，后变褐色。破口前剑叶叶鞘严重受害时，不能抽穗。病部在高温条件下，会长出许多白色蛛丝状菌丝体，随后菌丝体纠结成暗褐色菌核，形似萝卜籽。病部表面及其附近还可产生一层白色粉状物，这是病菌的担子及担子孢所构成的子实层。

（二）侵染循环

病菌主要以菌核在土壤中越冬，也能以菌丝体在病残体上或在田间杂草等其他寄主上越冬。翌年春天灌水时，菌核漂浮于水面与其他杂物混在一起，插秧后菌核黏附于稻株近水面的叶鞘上，在适温条件下，萌发长出菌丝体在叶鞘上扩散蔓延。并从叶鞘缝隙中进入叶鞘内侧，从叶鞘内侧表面气孔中侵入，或直接穿破表皮侵入。病部长出的气生菌丝，通过接触，向邻近的稻株扩散，再侵染。

（三）发病规律

纹枯病的发生与气候条件和栽培措施有关。

1. 气候条件

纹枯病是喜高温的病害。发病的适宜气温是 18～23℃，流行期的适温是 22～25℃。发病的相对湿度是 70%～96%，90%以上最适宜。高温、高湿相配合，蔓延快，发病重。

2. 栽培措施

肥水管理是影响纹枯病发生的重要因素。偏施、重施氮肥，促使水稻前期封行过早，田间郁闭，后期茎叶徒长，体内可溶性氮素增加，稻株抗病力降低，加上田间小气候有利于发病，会促使病害的发生和蔓延。稻田长期灌深水，稻丛间湿度高，有利于病害发展。

（四）防治方法

1. 农业防治

（1）选择高产抗（耐）病品种。

（2）打捞菌核，减少菌源。在秧田或本田耕耙时，打捞四角“浪渣”，清除漂浮菌核，带出田外深埋。

（3）加强肥水管理。做到合理排灌，以水控病，贯彻“前浅、中晒、后湿润”的用水原则，要避免长期深灌。同时，合理施用氮肥，注意氮、磷、钾肥的合理搭配。

2. 化学防治

纹枯病的防治适期为分蘖末期至抽穗期，以孕穗至始穗期最为关键。气候及苗情有利于病害发生、流行的要打 2~3 次药。药剂每亩可选用 24%噻呋酰胺 30 毫升，或 30%苯甲·丙环唑 30 毫升，或 20%咪鲜·已唑醇 60~80 克，或 15%井·腊芽 100 克。选用药剂先兑成母液，然后对水 50 千克电动喷雾，或对水 20 千克机动弥雾，药液要喷洒到植株中下部。

三、水稻条纹叶枯病

（一）主要症状

水稻苗期、分蘖至拔节期、孕穗期都可发病显症。

1. 苗期发病

早期（苗期）发病株先是在心叶上出现褪绿黄白斑，后扩展成与叶脉平行的黄色条纹，条纹间仍保持绿色；以后合并成大片，病叶一半或大半变成黄白色；其后，新生的心叶逐渐发黄卷曲，成纸捻状弯曲下垂的“假枯心”。这在糯、粳稻和部分高秆籼稻田中尤其明显，多数籼稻心叶发病后不卷曲下垂，部分粳稻病株在发病中后

期有老叶发红的现象。苗期显症发病，常常导致枯死。

2. 分蘖期发病

先在心叶下一叶基部出现褪绿黄斑，后扩展形成不规则黄白色条斑，老叶不显病。籼稻品种不枯心，糯稻品种半数表现枯心。病株分蘖常减少，重病株多数整株死亡。

3. 拔节后发病

在剑叶下部出现黄绿色条纹，各类型稻均不枯心，但抽穗畸形，结实很少。稻条纹叶枯病引起的枯心苗无蛀孔，无虫粪，不易拔起，且田间分布随机、无中心，以此可与螟虫为害造成的枯心苗相区别。

（二）侵染循环

病毒主要在大、小麦等病株体内越冬，也有部分在灰飞虱虫体内越冬。第一代灰飞虱在麦苗上吸毒后，再传到水稻上。稻田繁殖的灰飞虱成虫和若虫，又将病毒传给大、小麦。

（三）发病规律

水稻苗期最易感病，其次是分蘖期，幼穗分化期一般不感染发病，从感染到发病的潜育期，因气温和稻株生育期不同而异，平均气温27℃以下为12~17天。单季晚稻在秧田期就能发病，本田分蘖末期病株迅速增加，拔节期达到发病高峰。

水稻条纹叶枯病毒能经卵传播，循环期和传播期较短，所以灰飞虱第二、第三代若虫对水稻再次侵染的可能性很大。稻田虫口密度的高低，与水稻感病程度有直接关系。

以小麦为前作的单季粳稻发病重。近几年因结构调整，传毒昆虫灰飞虱桥梁寄主增多；稻田与麦田少免耕面积的扩大，特别是稻田套播麦、麦田套播稻技术的扩大推广，使灰飞虱生存条件改善，这是稻条纹叶枯病近年来迅速上升的原因之一。此外，早播田重于迟播田，稻田周围杂草丛生病害发生重。

通常杂交稻和籼稻比较抗病，粳稻、糯稻较感病。水稻在苗期到分蘖期易感病。叶龄长潜育期也较长，随植株生长抗性逐渐增强。

秋冬季温度偏高、春季降水偏少，有利于灰飞虱的存活和繁殖，使发病加重。灰飞虱虫量大、带毒率高，并且灰飞虱传毒高峰期与水稻感病生育期吻合程度高，则发病重。

（四）防治方法

防治水稻条纹叶枯病，应在采取“品种抗病、栽培避病”的农业措施基础上，坚持“切断毒链、治虫防病”的药剂防治策略，治麦田保稻田、治秧田保大田、治前期保后期，最大限度地控制灰飞虱传毒危害，经济有效地控制病害发生。

1. 农业防治

（1）因地制宜推广种植条纹叶枯病抗（耐）病品种。

（2）优化茬口与布局。重病区应压缩感病粳稻品种种植面积，适当扩大抗病杂交水稻品种种植面积。明确主栽品种，杜绝插花种植，实行连片种植。

（3）适当推迟播栽期，避开灰飞虱由麦田迁入秧田和早栽大田的时机，减少传毒概率。

（4）集中育苗、培育壮秧。防除杂草、清洁田园。

2. 物理防治

防虫网、无纺布笼罩秧苗、秧（大）田周围设置防虫板等物理方法可有效阻止灰飞虱迁入，保护秧苗免受灰飞虱传毒危害。如在水稻落谷后，选用20目以上的无色防虫网，用高度为50厘米左右的支架支撑，覆盖在秧田上；或用15~20克/平方米的无纺布全程覆盖，以阻止灰飞虱迁入和传毒。

3. 化学防治

在做好麦田穗期一代灰飞虱若虫高峰期防治的基础上，重点把握秧田一代灰飞虱成虫迁人高峰期、本田二、三代若虫高峰期等关键时期防治灰飞虱，控制传毒危害。要根据水稻品种抗感性、播栽方式、带毒虫量，确定秧田和本田用药间隔期与防治次数。药剂每亩可选用30%吡蚜·速灭威30~45克，或50%稻丰散100毫升，或

20%烯啶虫胺20~30毫升，对水40~50千克喷雾。

四、水稻黑条矮缩病

（一）主要症状

主要症状为分蘖增加，叶片短阔、僵直，叶色深绿，叶背的叶脉和茎秆上初现蜡白色，后变成褐色的短条瘤状隆起，不抽穗或穗小，结实不良。不同生育期染病后的症状略有差异。苗期发病，心叶生长缓慢，叶片短宽、僵直、浓绿，叶脉有不规则蜡白色瘤状突起，后变黑褐色。根短小，植株矮小，不抽穗，常提早枯死。分蘖期发病，新生分蘖先出现症状，主茎和早期分蘖尚能抽出短小病穗，但病穗缩藏于叶鞘内。拔节期发病，剑叶短阔，穗颈短缩，结实率低，叶背和茎秆上有短条状瘤状突起。

（二）侵染循环

水稻黑条矮缩病主要由灰飞虱传毒。病毒主要在大、小麦等病株体内越冬，也有部分在灰飞虱虫体内越冬。第一代灰飞虱在麦苗上吸毒后，再传到水稻和春玉米上。在稻田繁殖的成虫和越冬代若虫，又将病毒传给大、小麦。

（三）发病规律

水稻黑条矮缩病是由由灰飞虱带毒传播给水稻而发病，其发生流行与灰飞虱关系非常密切。该病毒寄主较多，除水稻外，在流行地区自然发病的植物有大麦、小麦、玉米、谷子、高粱、看麦娘、稗、早熟禾、野燕麦、马唐等，病毒通过媒介昆虫灰飞虱，能在水稻、大麦、小麦、看麦娘、稗草、早熟禾之间相互传播。水稻黑条矮缩病的流行因子较为复杂。

1. 毒源

病毒一部分在灰飞虱体内越冬，主要在越冬作物病麦上越冬，次年将病毒传给水稻。因此，麦子发病轻重，对毒源量的多寡有直接关系。大、小麦发病重的年份和地区，第一代灰飞虱的带毒量就高，水稻病害就重。

2. 气候

灰飞虱畏寒畏热，最适宜温度23~25℃，冬季一般低温对若虫没有影响，而夏季高温对其极为不利，也成为限制种群数量增长的重要因子。若持续出现30℃以上的高温天气，若虫发育缓慢，出现高温滞育现象，甚至引起死亡。在高温下发育的若虫，羽化出来的成虫，大多在产卵前死亡，能产卵的雌虫产卵时也很少。

早春气温对灰飞虱越冬代虫口密度也有较大影响，1—3月连续低温和冬春连续大雪，对越冬虫不利；1—3月气温偏高，无特别低温和连续大雪，越冬死亡率减少，发育进度加快，成虫提前羽化，对病毒的增值和感染均有利。

3. 寄主

冬小麦种植面积大，食料充足，有利于灰飞虱的发生；大量偏施氮肥，或施肥过量，稻株绿嫩过旺，会引诱成虫产卵，加重为害。

（四）防治方法

以农业防治为基础，结合治虫防病，把媒介昆虫灰飞虱消灭在传毒之前。具体参见水稻条纹叶枯病的防治方法。

五、水稻稻曲病

稻曲病又称假黑穗病、绿黑穗病、青粉病、谷花病，俗称“丰产果”，近年来在江苏发病较重，尤其在杂交稻和粗秆大穗型品种上发生严重。该病为害穗部，造成部分谷粒发病，一般每穗有病粒1~5粒，严重的可达20~30粒。稻曲病发生后不仅影响水稻产量，降低结实率和千粒重，而且病菌含有对人畜有害的毒素，其附着在谷枝上污染稻米，严重影响品质。人畜食用这种稻米较多时会发生慢性中毒，影响人畜健康。

（一）主要症状

该病只发生于穗部，为害部分谷粒。受害谷粒内形成菌丝块，

后菌丝块逐渐增大，从颖壳合缝处稍微张开，露出青黄色的小突起，即为病菌的孢子座。孢子座逐渐发育膨大，最后包裹全粒，其形状近球形，常大于病粒本身。同时色泽转为墨绿色，表面发生龟裂，布满墨绿色粉末，为病菌的厚垣孢子。

（二）侵染循环

病菌主要以菌核散落土中及厚垣孢子附在种子上越冬。次年，菌核抽生子座，子座内形成子囊壳和子囊孢子；厚垣孢子萌发产生分生孢子。子囊孢子和分生孢子随风雨传播，在水稻开花至乳熟期侵害幼颖，深入胚乳中迅速生长而形成孢子座，取代并包围整个谷粒。

（三）发病规律

稻曲病的发生流行与水稻抽穗期的雨量、田间湿度关系密切。病菌在气温24~32℃发育良好，厚垣孢子萌发和生长温度以28℃最适宜，与水稻抽穗期所需的温度条件基本一致。水稻开花期雨量多，降水量大，湿度高，有利于病菌的侵染，易诱发稻曲病。迟栽晚稻和晚熟品种，遇多雨天气，气温回升，病害常普遍发生。氮肥施用过多、过迟，抽穗后生长嫩绿，会降低稻株的抗病性。长期灌深水的田块，发病也重。

（四）防治方法

1. 农业防治

（1）选用抗病品种。

（2）控制穗肥（氮肥）的使用量，减轻稻曲病的发生。

2. 化学防治

主动预防。防治适期为水稻破口前7~10天（剑叶叶枕与倒2叶枕平至2厘米），对感病品种、后期嫩绿田块及抽穗扬花期阴雨天气较多时，间隔5~7天，在始穗期第二次施药。防治的药剂，每亩可用15%井·蜡芽100克，或30%苯甲·丙环唑30毫升，或24%噻呋酰胺30毫升，对水30~40千克电动喷雾，或对水20千克机动弥雾。

六、水稻白叶枯病

（一）主要症状

水稻白叶枯病是细菌性病害，主要为害叶片，在苗期就可发病，但早期发病缓慢，常到抽穗前后始见严重。发病一般从叶尖或叶缘开始，初现暗绿色短线状，后迅速沿叶缘或中脉向上下扩展，可顺叶脉伸到叶鞘，形成深黄色条纹状病斑，最后枯白。气候潮湿时，病部表面常会溢出露珠状的黄色脓胶团，称为菌浓，干燥后凝成蜜黄色如鱼子状的小粒，粘在叶面上；籼稻病斑黄绿色或黄色，病健界线不明显；粳稻病斑多为灰绿至灰白色，病健界线比较明显。

（二）侵染循环

本病的初次侵染来源，新病区以病种为主，老病区以病稻草为主，稻桩和田间杂草也可带菌越冬、传病。次年播种期间，在病稻草、病谷和稻桩上的越冬病菌，一遇雨水，病菌便随水流传播到秧田，主要由叶片水孔或伤口侵入。病苗或带菌苗移栽本田，于分蘖期前后发展成为中心病株。病菌在本田也可通过水孔、伤口侵染稻株，形成中心病株。病株叶片排出的菌脓，随风雨飞溅或灌溉水窜流，不断进行再次侵染，扩展蔓延。

（三）发病规律

白叶枯病的发生与流行与病菌来源、气候条件、肥水管理和品种抗病性等都有密切关系。在菌源量充足的前题下，若气温在25~30℃，相对湿度在85%以上，天气多雨，日照不足，常刮大风，病害易流行。每当时暴风雨或洪涝之后，病害秸秆在几天之见暴发成灾。凡长期灌深水或稻株受淹，发病严重；偏施氮肥，稻株徒长贪青，株间通风透光不足，湿度增高，造成适于发病的田间小气候，而病株体内游离氨基酸和可溶性糖会增加，有利于病菌生长繁殖，从而加重病害。若菌源量充足，环境条件适宜，白叶枯病的流行与

否主要区决于品种的抗病性。一般糯粳稻比籼稻抗病，叶窄挺直的品种比叶阔披垂的品种抗病，叶片水孔少的品种比水孔多的品种抗病，耐肥品种比不耐肥的品种抗病。就一个品种而言，分蘖前比较抗病，分蘖末期开始抗病性逐渐下降，幼穗分化期至孕穗期易感病，到抽穗开花期发病达到高峰。

（四）防治方法

1. 农业防治

（1）选用抗病品种。

（2）减少菌源。处理好病稻草。播种时对种子进行药剂处理，可用10%的叶枯净可湿性粉剂200倍液浸种24~48小时，或用85%强氯精300倍浸种24小时，洗净后再浸种催芽。

（3）培育无病壮秧。

（4）加强肥水管理。合理施肥，后期慎用氮肥，科学管水，不窜灌、漫灌和淹苗。

2. 化学防治

秧田期，一般在3叶期和拔秧前5天左右各喷药1次；大田期，发现发病中心应立即用药封锁。每亩用50%氯溴异氰尿酸60~80克，或25%噻枯唑可湿性粉剂100~150克，或20%噻菌酮县浮剂100克，对水50~75千克喷雾，隔3~5天用一次，连用2~3次。施药时先打无病区，后打发病区，发病田周边田块要一起防治。早晨有露水时不要用药和从事家事操作，防止病菌人为传播。

七、水稻恶苗病

（一）主要症状

从秧苗期到抽穗期均可发生，病株徒长是恶苗病的最基本特征。秧苗期病苗比健苗明显高而细弱，叶呈淡黄绿色，根系发育不良，根毛少。病苗在移栽前陆续死亡。在枯死苗上可产生淡红色或白色黏稠霉层。大田期病株较健株高而比细弱，节间明显伸长，节上倒生许多不定根。病部常有白色至淡红色霉层，后期还会产生许多小黑点。重病株多不抽穗，于孕穗期枯死；轻病株常提早抽穗，穗小粒少，籽粒不实。抽穗期谷粒也可受害，严重的变为褐色，不能灌浆结实，或在颖壳合缝处产生红色或淡红色霉。感病轻的植株仅在谷粒基部或尖端变为褐色，有的外表无症状表现，但内部有菌丝潜伏。

（二）侵染循环

病菌主要以分生孢子在种子表面和以菌丝在种子内部越冬。带菌种子是每年初次侵染的主要菌源。浸种时分生孢子又可污染无病种子。稻草内的菌丝体在干燥条件下，可存活 2~3 年，在潮湿的土面或土中极少存活。播种病谷或用病稻草覆盖催芽，均可引起苗期发病，严重的幼苗枯死。病死植株表面产生的分生孢子，经风雨传播到健苗，从茎部伤口侵入，造成再次侵染。带菌秧苗移栽到大田后，病株中的菌丝体蔓延扩展至主体，并刺激茎秆徒长，但不扩展到花器。此后，下部叶鞘和茎部又产生分生孢子。水稻扬花时，分生孢子经风雨传播到花器上，从内外颖壳部位侵入颖壳片组织和胚乳内，发病后在内外颖合缝处产生红色或淡红色孢子团块，造成秕粒或畸形。如病菌侵入较迟，谷壳外观与健粒无异，但菌丝已侵入颖或种皮组织内，使种子带菌。脱粒时，病部的分生孢子也会黏附在无病谷粒表面。

（三）发病规律

水稻恶苗的发生与土壤温度关系很大。当土温在 35℃时，最适合发病，土温降至 25℃时，可引起秧苗徒长，降至 20℃或升至 40℃时，均不表现症状，但实际上菌丝已侵入稻株内部，成为带菌稻株。

水稻不同品种之间对恶苗病的抗性有一定的差异，但无免疫品种。一般糯稻较籼稻发病轻。种子、秧苗受损伤时，伤口增多，有利于病菌侵入。增施氮肥有刺激病害发展的趋势。

(四) 防治措施

1. 农业防治

(1) 选用无病种子。

(2) 处理病稻草。堆闷腐熟病稻草，作为有机肥料。

(3) 加强栽培管理。催芽不宜过长，以免下种时受伤；拔秧时应尽量避免秧根损伤过重；发病后应及时拔出病株，带出田外处理。

2. 化学防治

用药剂浸种，可选用17%杀螟·乙蒜 20~30 克，对水 6 千克，浸稻种 3~5 千克，或用 25%氰烯菌酯悬浮剂 3 克对水 6~7.5 千克，浸稻种 3~5 千克，或用 6.25%亮盾（咯菌清+精甲霜灵）10 毫升加水 150~200 毫升，拌稻种 4~5 千克。水稻恶苗病重发区域或感病品种亮盾使用剂量要提高到 15~20 毫升。

第三节　水稻主要害虫防治技术

一、稻纵卷叶螟

(一) 形态特征

稻纵卷叶螟属鳞翅目、螟蛾科。

1. 成虫

为黄褐色小型蛾。前翅的前缘、外缘和后翅的外缘有灰黑色宽带。翅中间有 2 条灰黑色横纹，前翅 2 条横纹中间还有 1 条灰黑色短纹，雄峨在短纹上有瘤状毛块突起。

2. 卵

近椭圆形，扁平，长约 1 毫米，宽 0.5 毫米，初产乳白色，后变黄褐色，孵化前有 1 黑点。

3. 幼虫

1龄幼虫头黑色，体细小，中、后胸斑纹不明显，2龄头为淡褐色，前胸背板有2个黑点，中、后胸斑纹可见；老熟幼虫头褐色，体绿色，后转橘黄色或橘红色，前胸背板有4个黑点，气门周围黑褐色。

4. 蛹

被蛹。近前缘处有1个黑褐色细横隆线，尾部尖，上身8根钩刺，蛹外常有白色薄茧。

（二）生活习性

稻纵卷叶螟成虫有趋光性，喜在生长嫩绿、叶片宽软的稻田产卵，卵多散产于水稻中上部叶片。幼虫孵化后就能取食，初孵幼虫取食心叶或嫩叶鞘叶肉，被害处呈针头大小半透明的小白点。二龄后开始在叶尖或叶片的上、中部吐丝，缀成小虫苞，三龄以后有转移为害的习性。

（三）发生规律

稻纵卷叶螟是迁飞性害虫，在江苏1年发生3~4代，每年初次虫源主要来自南岭北部地区，常年二、三代为主害代。二代迁入量大，其幼虫多盛发于7月上、中旬，主要为害分蘖期的单季中、晚稻。三代前期以外地迁入虫源为主，迁入范围遍及全省，后期以本地虫源为主，这一代幼虫常于8月上、中旬盛发，主要为害拔节孕穗期的单季中、晚稻，受害后损失重。四代均为本地虫源，成虫陆续迁出，但在暖秋年份及水稻长势嫩绿地区，成虫则大量滞留产卵，幼虫于9月上、中旬发生，对后季稻及迟熟晚稻造成一定为害。

（四）发生条件

纵卷叶螟的发生与虫源基数、气候、水稻品种及长势、天敌数量等因素有关。

稻纵卷叶螟的生长发育需要适温高湿。一般认为适宜的温度为

22~28℃，相对湿度在80%以上。在江苏，梅雨季节的降雨量和雨日天数，是决定第二代纵卷叶螟发生为害的主要因素。如梅雨季节雨日多，湿度大，不但利于成虫的迁入，也利于幼虫孵化与存活；如梅雨季短，或出现“空梅”，第二代发生量则少。第三代发生时江淮流域已是盛夏，如遇高温伏旱，不利于发生；如为凉夏多阵雨，则较利于发生，加重为害程度。

（五）防治方法

1. 农业防治

（1）选用抗（耐）虫的优良品种。

（2）提高肥、水管理水平，使水稻生长健壮整齐，前期不猛发旺发，后期不贪青迟熟。适当调节搁田时期，降低幼虫孵化期的田间湿度，或在化蛹高峰期灌深水2~3天，均可收到较好的防治效果。

2. 化学防治

根据水稻分蘖期和穗期易受稻纵卷叶螟为害，尤其是穗期损失更大的特点，采取的防治策略为“治好二代，狠治三代，挑治四代”。防治适期一般在卵孵高峰至1~2龄幼虫高峰期，严重发生年份宜提早至卵孵化高峰期。

防治的药剂每亩可选用2%阿维菌素100毫升，或5%甲维盐30克，或20%氯虫苯甲酰胺（康宽）15毫升，或9%阿维·茚虫威30~40毫升，或100亿孢子/毫升短杆菌悬浮剂100~120毫升，或6%乙基多杀菌素（艾绿士）30毫升。将所选用药剂先对成母液，然后对水30~40千克电动喷雾，或对水20千克机动喷雾。

二、稻飞虱

稻飞虱是为害水稻的同翅目飞虱科害虫的统称，其中对水稻为害较大的主要有褐飞虱、白背飞虱和灰飞虱3种。

（一）形态特征

1. 褐飞虱

成虫体淡褐至黑褐色，有油状光泽，前胸背板及小盾片上有3条黄褐色隆起纵线。卵呈香蕉形，10~20粒呈行排列，前部单行，后部挤成双行，卵帽稍露出。若虫1~2龄灰褐色，腹面有1明显的乳白色“T”字形纹，2龄时腹背3、4节两侧各有1对乳白色斑纹。3~5龄黄褐色，腹背3、4节白色斑纹扩大，5~7节各有几个“山”字形浓色斑纹，翅芽明显。

2. 白背飞虱

成虫体淡黄至黄色，头顶突出，小盾片两侧黑色，雄虫小盾片中间淡黄色，翅末端茶色；雌虫小盾片中间姜黄色。卵尖辣椒形，5~10粒，前后呈单行排列，卵帽不露出。若虫1龄浅蓝色，2龄灰白色。腹部各节分界明显，2龄若虫体背现不规则的云斑纹。3~5龄石灰色，胸、腹部背面有云纹状的斑纹，腹末较尖，翅芽明显。

3. 灰飞虱

成虫体黄褐至黑褐色，雌虫小盾片中央淡黄或黄褐色，两侧各有1半月形黄褐色斑，雄虫小盾片全黑色。卵茄子形，2~5粒，前部单行，后部挤成双行，卵帽稍露出。若虫1~2龄乳黄、橙黄色，胸部中间有1条浅色的纵带。3~5龄乳白、淡黄等色，胸部中间的纵带变成乳黄色，两侧显褐色花纹，第三、四腹节背面有“八”字形淡色纹，腹末较钝圆，翅芽明显。

（二）生活习性

褐飞虱喜阴湿环境，成虫、若虫栖于稻丛下部取食生活，穗期以后，逐渐上移。成虫、若虫都不很活泼，如无外扰，很少移动，受到惊扰就横行躲避，或落水面、或飞（跳）到他处。成虫有趋嫩习性，趋光性强。长翅型成虫起迁飞扩散作用，短翅型成虫则定居繁殖。短翅型成虫产卵前期短、产卵历期长、产卵量高，因此短翅

型成虫的增多是褐飞虱大发生的征兆。卵多成条产于叶鞘肥厚部分，产卵痕初呈长条形裂缝，不太明显，以后逐渐变为褐色条斑。

白背飞虱的习性与褐飞虱相似，成、若虫在稻株栖息的部位比褐飞虱略高，并有部分低龄若虫在幼嫩心叶内取食。

灰飞虱有趋光、趋嫩绿和趋边行的习性，边行虫口密度远高于田中，生长嫩绿茂密的稻田中产卵量多。

（三）发生规律

褐飞虱是一种迁飞能力很强繁殖速度快的水稻害虫，初见虫源于7月上中旬由南方迁飞，迁入高峰在7月中旬末。初次迁入的长翅型成虫为第四（1）代，产卵繁殖的子代为第五（2）代，条件适宜时第五（2）代羽化的短翅型成虫较多，再繁殖的第六（3）代。在盐城市全年以第六（3）代，第七（4）代发生为害最重。

白背飞虱也是迁飞性害虫，在各地的初次迁入期均比褐飞虱早，盐城市常年6月下旬至7月上旬由南方迁入，全年以第六（3）代为害最重。白背飞虱以成虫、若虫群体集于稻丛基部，刺吸茎叶组织，导致植株矮小、穗小、结实率降低，严重时植株橙黄色渐变酱褐色，直立不塌秆。后期虫量大时会造成颖壳变色，籽粒半瘪，排泄的蜜露诱至煤烟病发生，穗部发黑。

灰飞虱的抗寒力和耐饥力较强，在我国各产稻区都可安全过冬。盐城市常年发生5~6代，以3、4龄若虫在麦田、绿肥田、田埂、沟边、荒地上的杂草根际、落叶下及土缝内越冬。1、2代为主害代，主要为害水稻秧田和本田分蘖期的稻苗。灰飞虱对水稻造成的为害主要表现为传播水稻条纹病毒和黑条矮缩病毒，其传毒为害所造成的损失，远大于直接为害。

（四）发生条件

褐飞虱和白背飞虱是迁飞性害虫，影响发生的首要条件是迁入虫量的多少。如果虫源基地有大量虫源，迁入季节又雨日频繁而量大，降落的虫量就多。灰飞虱则决定于当地虫源。在一定的虫源基数下，充足的食料和适宜的气候条件有利于飞虱的繁殖。天敌及良好的栽培管理对飞虱也有一定的控制作用。

褐飞虱喜温暖高湿，生长发育的适温为20～30℃，最适温度26～28℃，相对湿度在80%以上。长江中下游地区“盛夏不热，晚秋不凉，夏、秋多雨”是褐飞虱大发生的气候条件。

白背飞虱对温度的适应范围比褐飞虱广，在15～30℃温度范围内都能正常生长发育。凡初夏多雨，盛夏干旱，发生为害就较重。

灰飞虱耐寒怕热，最适宜的温度在25℃左右，冬春温暖少雨，有利于其发生。

（五）防治方法

1. 农业防治

（1）因地制宜地选用抗（耐）虫高产良种。

（2）水稻合理布局、连片种植。

（3）科学肥水管理、适时搁田，避免偏施氮肥，促控适当，防止封行过早、贪青倒伏，清除杂草，减少虫源。

2. 生物防治

稻飞虱各虫期的天敌有数十种之多，因而应注意合理使用农药，尤其是水稻生长前期应尽量减少农药使用，避免大量使用广谱性杀虫剂，以涵养和保护利用天敌。另外，人工搭桥助迁蜘蛛和稻田放鸭食虫，对稻飞虱的防治均有一定的作用。

3. 化学防治

防治褐飞虱应根据水稻品种类型和虫情发生情况，分别采用“压前控后”或“狠治主害代”的防治策略。防治白背飞虱应采用“挑治迁入代，主攻主害代”的策略。防治灰飞虱采取“狠治一代，控制二代”的策略，抓住秧田期和大田初期防治，目的是治虫防病，力求将其消灭在传毒之前。

一般在低龄若虫高峰期，每亩用50%吡蚜·噻虫嗪可湿性粉剂20克，或30%吡蚜·速灭威30～45克，或10%烯啶虫胺40～60毫升

对水喷雾防治。

三、水稻螟虫

水稻大螟属鳞翅目，夜峨科；二化螟、三化螟属鳞翅目，螟娥科。三化螟只为害水稻，为单食性害虫；大螟、二化螟食性杂。3 种螟虫均以幼虫钻蛀稻株。水稻分蘖期被害，形成枯心苗；孕穗至抽穗期被害，形成枯孕穗、白穗；灌浆后形成虫伤株。二化螟和大螟还可在叶鞘内蛀食，形成枯鞘。被害株成团出现。

（一）形态特征

1. 二化螟

成虫灰黄至淡褐色，前翅近长方形，中央无黑点，外缘有 6~7 个小黑点，排成 1 列。雌娥腹部纺锤形，雄娥腹部细圆筒形。卵椭圆形，扁平。卵粒作鱼鳞状排列成长椭圆形卵块，上盖透明胶质。幼虫淡褐色，体背有 5 条紫色纵纹。蛹，初时乳白色，后变棕色，腹背 5 条紫色纵纹隐约可见，左右翅芽中间的后足不伸出翅端。

2. 三化螟

成虫淡黄白色，前翅近三角形。雌娥前翅中央有 1 小黑点；腹部末端有棕黄色绒毛；雄峨前翅黑点不明显，从顶角至内缘有褐色斜纹 1 条，腹部末端无棕黄色绒毛。卵扁平，椭圆形，分层排列成椭圆形卵块，上盖棕黄色绒毛，似半粒发霉黄豆。幼虫体细瘦，乳白色或淡黄绿色，有 1 条半透明的背线。蛹黄绿色，左右翅芽中间的后足伸出翅端很长。

3. 大螟

成虫淡褐色，前翅近长方形，翅中部有一明显暗褐色带，其上下方各有 2 个黑点。卵扁球形，常 2~3 行排列成带状。幼虫体粗壮，头红褐色，胴部背面紫红色。蛹体肥大，淡黄至褐色，后足不伸出翅端部。

（二）生活习性

二化螟成虫趋光性强，喜在叶色浓绿及粗壮高大的稻株上产卵。在水稻分蘖期以前，卵多产在叶片正面；此后，卵多产在离水面 7 厘米以上的叶鞘上。初孵幼虫群集叶鞘危害，造成枯鞘；2、3 龄幼虫开始蛀茎并转株分散为害，造成枯心苗或白穗。

三化螟成虫对光有强烈趋性，喜欢在嫩绿茂密稻田产卵。初孵幼虫（蚁螟）即分散蛀入稻株。三化螟造成的枯心苗早期叶鞘不枯黄，易拔起，断处有虫咬痕迹且平齐；造成的白穗剑叶鞘也不枯黄，断口平齐；剥开穗茎，茎内虫屑、虫粪较少，且青白干爽。

大螟趋光性不及二化螟和三化螟。成虫喜欢在茎秆粗壮、叶鞘包茎较松的稻株上产卵，产卵于叶鞘内侧，且以近田埂 2 米内稻株上产卵最多。其为害习性和所造成的为害状与二化螟相仿，但其转株为害较二化螟频繁，蛀孔大，虫粪多而稀，易与其他螟虫区别。

（三）发生规律

二化螟在江苏 1 年发生 2 代，气温较高的年份可发生不完全的第 3 代。主要以 5 龄幼虫（少数 4 龄或 6 龄）在稻桩、稻草、茭白遗株及杂草和芦苇等寄主内越冬，翌春 4 月后开始化蛹蜗、羽化。

三化螟在江苏 1 年发生 3 代，暖秋年可发生不完整的第四代。以老熟幼虫在稻桩内滞育越冬。

大螟在江苏 1 年发生 3~4 代，以 3 龄以上的幼虫在稻桩、杂草根部或玉米、高粱、茭白等残株中越冬，无滞育现象。

（四）发生条件

水稻螟虫的发生受耕作制度、水稻品种、栽培管理、气候条件及天敌等因素的综合影响。

1. 耕作制度

水稻的耕作制度和栽培技术不同，3 种螟虫种群的消长及为害程度也有很大差异。当水稻耕作制度由单纯改向复杂时，三化螟种群趋向繁荣，二化螟种群随之趋向凋落；耕作制度由复杂改为单纯，

则相对地有利于二化螟而不利于三化螟的发生。

2. 水稻品种

一般粳稻比籼稻有利于三化螟的发生，籼稻比粳稻适合二化螟的发生，杂交稻上二化螟、大螟发生较重。

水稻的分蘖期，特别是孕穗期末到破口期，是水稻最易遭受螟害的时期，常被称为“危险生育期”。凡是螟卵盛孵期与“危险生育期”相吻合，螟虫发生为害就严重，如若错开，则为害就较轻。

3. 栽培管理

同一类稻田，稻种纯度高、茎秆组织坚韧、抽穗整齐一致的品种，一般受螟害较轻，而稻种混杂或因田间管理不当，追肥过迟过多，以致水稻生长参差不齐，抽穗期拉得长，螟害就会加重。少免耕等轻简栽培措施的推广，尤其是“双免双套”技术的大力推广，为螟虫提供了良好的越冬及生存环境，有利其发生。

4. 气候条件

温度对螟虫发生期的影响较大。当年春季气温偏高，越冬代螟娥发生较早，反之推迟。湿度和雨量对螟虫发生量影响较大，三化螟越冬幼虫化蛹阶段，如果经常阴雨，越冬幼虫死亡率高。二化螟化蛹期和幼虫孵化期遇暴雨，田间积水深，会淹死大量蛹和初孵幼虫，减少发生量。

（五）防治方法

防治水稻螟虫，要坚持“农业措施为基础、科学用药为关键、压低基数与控制危害相结合”的综合治螟策略，采取防、避、治相结合的综合防治措施。

1. 农业防治

（1）因地制宜，合理布局，统一水稻主栽品种和栽培技术，避免不同生育期品种混栽，适当推迟播栽期。推广旱育秧、小苗抛栽等播栽期相对较迟的轻型栽培技术，可达到减轻秧田落卵量与为害的目的。

（2）注意选用抗虫良种，提高种子纯度。

（3）科学肥水管理，促使水稻生长正常，成熟一致，缩短易受害的危险期。拾毁稻桩，及早处理稻草，清除田边、沟边杂草及茭白残株，可减少螟虫的越冬基数。少（免）耕地区实行浅旋耕灭茬，最大限度地破碎稻根，增加越冬幼虫死亡率。适时灌深水，可消灭一部分虫蛹。防治大螟还可在田边栽稗诱卵，在卵块盛孵5~7天，幼虫分散前拔除销毁，同时拔除田边1米内的稗草。

2. 物理防治

利用螟虫的趋光性，结合其他害虫的防治，用黑光灯、双波灯、频振式杀虫灯等诱杀成虫。秧田期在螟虫成虫盛发期间，覆盖无色防虫网，可阻隔螟蛾进入产卵繁殖。

3. 化学防治

防治策略：二化螟为"狠治一代，决战二代"；三化螟为"狠治一代，兼治二代，决战三代"；大螟为"兼治一、二代，狠治三代"。

在幼虫孵化高峰期后的3~5天内为防治二化螟和大螟枯心苗的施药适期，防治三化螟枯心苗的适期一般在孵化高峰期，如果苗情好、螟卵多，则宜在孵化率达30%时就需用药，隔5~6天后再防治1次。

防治白穗在螟卵盛孵期内掌握早破口早用药，迟破口迟用药的原则，一般在破口抽穗5%~10%时用药1次，如果螟虫发生量大或水稻抽穗期长，则隔4~5天再用药1次。螟卵盛孵前已经抽穗而尚未齐穗的稻田，则掌握在螟卵孵化始盛期用药。

防治的药剂，每亩可选用5.7%甲维盐30克，或2%阿维菌素100毫升，或80%杀虫单80克，将所选用药剂先兑成母液，然后对水30~40千克电动喷雾，或对水20千克机动弥雾。药液喷洒要均匀周到，施药时田间要保持5~6厘米水层3~5天。

四、稻象甲

（一）形态特征

1. 成虫

体灰褐色。头部伸长如象鼻，触角黑褐色，末端膨大，着生在近端部的象鼻嘴上，两翅鞘上各有 10 条纵沟，下方各有一长形小白斑。

2. 卵

椭圆形，初产时乳白色，后变为淡黄色半透明而有光泽。

3. 幼虫

长 9 毫米，蛆形，稍向腹面弯曲，体肥壮多皱纹，头部褐色，胸腹部乳白色，很像一颗白米饭。

4. 蛹

离蛹。长约 5 毫米，初乳白色，后变灰色，腹面多细皱纹。

（二）生活习性

稻象甲成虫多在早、晚活动，白天躲在秧田或稻丛基部株间或田埂的草丛中，有假死性和趋光性，坠落水面后，能游水重新攀登稻苗为害。咬食稻苗茎叶，被害心叶抽出后，轻的出现一列横排小孔，重的稻叶折断，漂浮水面。产卵前先在离水面 3 厘米左右的稻茎或叶鞘上咬一小孔，每孔产卵 13～20 粒。幼虫孵化后，沿稻株潜入土中 3~5 厘米处，取食水稻根系，造成生长不良，叶尖发黄，严重时可影响抽穗或形成秕粒。

（三）发生规律

在江苏 1 年发生 1 代，主要以幼虫在稻根附近 2～4 厘米的表土层中越冬。次年 5 月下旬到 6 月初出现化蛹高峰，6 月上中旬进入羽化盛发期，大田成虫高峰期在 6 月中下旬至 7 月初。稻象甲以幼虫为害对产量损失较大。近年来直播稻面积逐年扩大，直播田前期干干湿湿的环境条件，有利于稻象甲成虫羽化活动，加之秧苗 4 叶期前苗小、苗弱，被害后稻株易形成断苗、倒叶，受害重于移栽稻。

（四）防治方法

1. 农业防治

提倡免少耕与深耕轮换，铲除田边杂草，消除越冬成虫。

2. 化学防治

诱杀成虫。在成虫盛发期，按水：糖：醋比例为 5：1：1 加少量白醋混合后浸湿草把，放入秧田或分蘖期大田，再在草把下撒一层毒土，能诱杀成虫。

3. 药剂防治

应采取“治秧田保大田、治成虫控幼虫”的策略。用药适期在成虫羽化期至产卵盛期之前。每亩用 50%稻丰散 80~100 毫升，或 40%毒死蜱 100 毫升。

五、稻蓟马

（一）形态特征

稻蓟马属缨翅目，蓟马科害虫。

1. 成虫

体长 1~1.5 毫米，黑褐色，头部近方形，触角 7 节。前后翅均深灰色，近基部色淡，顶端较尖，翅缘有长缨毛，是其形态的重要特征。

2. 卵

肾状形，长约 0.2 毫米，微黄色半透明，将孵化时可透见红色眼点。

3. 若虫

共 4 龄，长 1~2 毫米。

体色乳白至淡黄色，3 龄长出翅芽，触角在头前方向两侧分开。4 龄（伪蛹）翅芽伸达第 5~7 腹节，触角折向头后覆于背面。

（二）生活习性

稻蓟马成、若虫均畏光怕旱，多隐匿在寄主的心叶卷叶内活动取食，以成虫和 1~2 龄若虫刮破叶片表皮吸食汁液，开始出现苍白色白色斑痕，后叶片失水纵卷。受害严重时，叶片枯焦，穗期侵入颖壳，形成秕粒。卵散产在叶片表皮下脉间组织内。1、2 龄若虫行动活泼，是若虫取食为害的主要阶段。3、4 龄若虫行动呆滞，取食甚少。

（三）发生规律

在江苏稻蓟马 1 年发生 10~14 代，以成虫在麦田和禾本科杂草等处越冬。5 月下旬至 6 月迁入秧田、本田为害。第 3、4 代为害最重，主要为害秧苗，部分年份为害早栽大田。7 月中旬以后，因受高温影响发生量下降。

（四）防治方法

1. 农业防治

（1）铲除田边、沟边杂草，减少虫源基数。

（2）加强田间管理，促使秧苗早返青、早分蘖，适时搁田，提高稻株耐虫、抗虫能力。

（3）对已受稻蓟马为害的田块，增施一次速效肥，促进稻苗恢复生长。

2. 化学防治

以秧田期和本田分蘖前期为防治重点，在卵孵高峰期用药防治。每亩用 35%丁硫克百威 30 克，或 78%杀虫安 50~60 克，或 10%烯啶虫胺 40 毫升，或 25%呋虫胺 20 克，上述药剂对水 30 千克电动喷雾，或对水 20 千克机动弥雾。

第四节 水稻杂草化学防除技术

我国稻田杂草的种类很多，总体约有200多种，其中对水稻危害严重的约20余种。这些杂草不但与水稻争肥、争光影响产量，而且降低稻谷质量。使用除草剂化学控制和灭杀杂草是水稻杂草防治的最直接、最有效的方法。

一、直播水稻化除技术

直播稻田杂草化除可采用“一封、二杀、三扫残”。

（一）播后苗前土壤封闭处理

这是直播稻田除草的最关键的一步，应选择杀草谱广、土壤封闭效果好的除草剂。

直播稻田播后苗前化学除草推荐配方：

1. 苄嘧·丙草胺

每亩用30%苄嘧·丙草胺可湿性粉剂160克或30%丙草胺乳油150克加60%苄嘧磺隆5克，在播种上水后1~3天用药，对水50千克均匀喷雾。用药时畦面湿润无积水；用药后田间保持一定湿度，如遇雨天要排干墒沟水，遇干旱天气晚上灌跑马水；齐苗后上浅水层，浅水勤灌，以水控草。该配方适用于机械和人工旱直播、水直播秧田。

2. 恶草·丁草胺

每亩用60%恶草·丁草胺乳油100~150毫升，或40%恶草·丁草胺乳油150~200毫升，在干籽落谷窨水后1~2天，对水50千克喷雾。用药后田间保持一定的湿度，但畦面绝对不能有积水，否则会出现不出苗等药害症状，积水时间越长药害越严重。秧苗2~3叶上浅水层进行水管。该配方只适用于机械及人工旱直播秧田，机械、人工水直播及露籽田、落谷期雨水多的田块不宜使用。

用除草剂进行土壤封闭处理，是在土壤表层建立严密的药土层，这样在药土层内萌发的杂草种子吸收药物后即被杀死，不能出苗；在药土层下萌发的杂草其幼芽通过药土层时吸收药物，也能被杀死。整地、喷药质量的高低和田间土壤墒情的好差直接影响药土层的建立。整地粗放，地表土块过大、田间土壤过于干旱、喷药不匀，均不利于建立药土层，会严重影响土壤的封闭效果。要求施药时田间平整，土块细碎，土壤干湿适度，并在施药后数天内保持地表湿润。

直播水稻化除田块要有健全的沟系，做到沟渠通畅。水直播稻田，稻种一定要浸种催芽后落谷，用药后板面要长期保持湿润，以确保除草效果。旱直播稻田，稻种不能催芽，用药后板面不能积水，播后如遇阴雨天气，要及时排除板面积水，以防产生药害，出现不出苗现象。

具体选用何种除草剂及化除方法应根据当地《病虫情报》并在植保部门技术人员的指导下进行。

（二）苗期茎叶处理

如播种后没有用药或除草效果较差的田块，则掌握在秧苗2~6叶期，根据杂草种类选择相应的除草剂进行喷药茎叶处理，杀灭杂草。

直播水稻秧苗期化学除草推荐配方：

1. 氰氟草酯

该药对千金子有较好的防除效果，同时能兼除低龄稗草、马唐，对水稻安全，是防除稻田禾草类杂草的首选药剂。掌握在禾草类杂草2~3叶期用药，每亩10%氰氟草酯200毫升，对水10~15千克细喷雾。用药时间越迟，除草效果越差，用药量也要增加。该药不宜与防治阔叶杂草的除草剂混用。

2. 五氟磺草胺

该药对稗草及部分双子叶杂草与莎草科杂草有较好的防效。稗草1~3叶期，每亩用2.5%五氟磺草胺乳油80毫升；稗草3~5叶期用2.5%五氟磺草胺乳油100毫升；稗草超过5叶，再适当增加用药量。对水10~15千克细喷雾。

3. 恶唑酰草胺

该药主要用于防除稗草、千金子、马唐等禾草类杂草。亩用10%恶唑酰草胺乳油60~80毫升，于杂草3~4叶期施药，对水20千克喷雾。

除上述几种药剂配方外，对双子叶及莎草科杂草较多的稻田，在杂草2~4叶期亩用48%苯达松150~300毫升（或60%苄嘧磺隆5克），对水30千克喷雾。如杂草较大时（秧苗5叶期后），每亩用48%苯达松150~300毫升加56%二甲四氯30~40克混用。

茎叶处理除草剂，要排干水用药，用药后24小时上水，保水7天；没有在直播稻田登记，仅登记用于水稻移栽的二氯喹啉酸、吡嘧磺隆等除草剂产品，考虑到某些厂家在生产这些产品时违规加入了其他除草剂，为安全起见，在直播稻幼苗期最好不要使用这些产品；不提倡使用机动弥雾机喷施除草剂，否则易产生药害。

具体选用何种除草剂及化除方法应根据当地《病虫情报》并在植保部门技术人员的指导下进行。

（三）清除残留杂草

水稻生长的中后期，在杂草种子成熟前，人工拔除田间少量残留杂草及铲除田边杂草，控制来年发生量。

二、水稻秧池田化除技术

（一）水育秧田

1. 封闭处理

每亩用30%丙草胺（含安全剂）100毫升（阔叶草或莎科草严重田块加10%苄嘧磺隆10~20克），加水30~40千克，于落谷、塌谷后1~7天喷雾，施药后保持田间湿润状态，以提高除草效果。如落谷后遇暴雨天气，要延期1~2天施药。落谷前稻种一定要浸种

催芽。

2. 茎叶处理

落谷后没有及时使用除草剂，禾草类杂草出齐后，选用氰氟草酯乳油进行茎叶处理。在稗草 1~3 叶期，用 10%氰氟草酯乳油 150~300 毫升，对水 20 千克均匀喷雾。施药前排干田水，施药后 24 小时水，保持畦面湿润或浅水层 5~7 天，以保证除草效果。

（二）旱育秧田

旱育秧田化学除草主要采用封闭处理。其方法为在旱育秧床上足底水、落谷盖土、喷洒盖土水使表土湿润。每亩秧池用 36%恶草·丁草胺乳油 150 毫升，加水 30~40 千克喷雾。施药后应尽量保持床面湿润，以提高除草效果。同时要保持沟系畅通，以防床面积水、淹水，造成药害。

三、水稻移栽大田化学除草技术

（一）大苗移栽稻田

1. 封闭处理

每亩用 50%苄嘧·苯噻酰草胺 60~80 克，或 18%苄嘧·乙草胺 45 克，或 50%丙草胺乳油 80~100 毫升加 10%苄嘧磺隆 20~30 克，于水稻移栽后 5~7 天拌化肥或细土撒施。施药前田间要有浅水层便于药剂扩散，施药后保水 5 天。该药属芽前选择性除草剂，对稻田稗草、牛毛草、球花碱草及双子叶草都有较好的防效。

2. 茎叶处理

一般掌握在杂草 2~4 叶期进行，采用喷雾杀草。具体方法参照本节直播水稻化学除草技术中的茎叶处理。

（二）机械插秧及小苗直栽大田

机械插秧及小苗直栽大田杂草防除的策略是：一般田块“一封一杀”，插秧前后进行土壤封闭，杂草 2~4 叶期进行喷药茎叶处理；

田面高低不平、漏水田、上年杂草严重的田块采用“二封一杀”，插秧前与插秧后各进行一次土壤封闭（二次之间要间隔 15 天左右），杂草 2~4 叶期进行喷药茎叶处理。

1. 封闭处理

（1）每亩用 50%丙草胺乳油 60~80 毫升加 10%苄嘧磺隆 20~30 克，在秧田平整后用药，对水喷雾，用药后即可插秧。也可以在插秧后 3 天内，拌肥撒施。该配方对稗草、千金子及部分阔叶类杂草都有很好的防效，对秧苗很安全。

（2）每亩用 50%苄嘧 · 苯噻酰复配剂 60~80 克，于插秧后 5~7 天拌化肥或细土撒施。施药时要有浅水层，药后保水 5~7 天，但水不能淹秧心，否则易产生药害。

（3）每亩用 50%丁草胺 100 毫升加 10%苄嘧磺隆 20~30 克，于插秧后 5~7 天拌化肥或细土撒施。施药时要有浅水层，药后保水 5~7 天，但水不能淹秧心，否则易产生药害。

2. 茎叶处理

一般掌握在杂草 2~4 叶期进行，采用喷雾杀草。具体方法参照本节直播水稻化学除草技术中的茎叶处理。

第七章　稻田生态种养模式与技术

第一节　稻田养殖的作用和意义

稻田养殖是指利用稻田的浅水环境辅以人为措施，既种稻又养鸭、养蟹、养鱼等，以提高稻田单位面积生产效益的一种稻田种养结合技术。稻田养鸭、养蟹、养鱼、养虾等，可以充分利用稻田良好的生态条件作为鸭、蟹、鱼、虾的生育环境，让其清除稻田杂草和部分害虫，减少水稻病虫草害，改良土壤，增加水稻产量；同时水稻又为其生长、发育、觅食、栖息等生命活动提供良好的环境，达到稻鸭、稻蟹和稻鱼等互惠互利，实现水稻无公害生产，从而使稻田的生态系统从结构和功能上都得到合理的改造，充分发挥稻田的最大“负载力”，提高稻田生产的经济、生态和社会效益。

一、养殖生态系统的特点

在稻田的生态系统中，非生物成分有水、土、矿物质、有机碎屑、气体等以及阳光提供的光能和热能；生物成分有水稻、杂草、微生物、浮游生物、底栖动物、小杂鱼等。这些成分相互联系、相互制约，在统一的生态系统中进行着能量的流动和物质的循环。水稻是稻田生态系统的中心和主体，它大量地吸收光能、水分、二氧化碳和无机盐，通过光合作用制造有机物并通过转换运转和贮存而形成稻谷这一最终产品。因此，提高稻谷产量技术措施的实质，就是努力促使稻田生态系统中能量和营养物质尽可能多的转化为稻谷产品。然而，在单一种稻的田块中，由于生物成分组成结构上的欠缺，导致生态系统中能量和营养物质在循环过程中至少在下述两个方面存在流失。

一是阳光照射到稻田中，水稻、杂草、浮游植物、光合细菌都能进行光合作用，将二氧化碳和水合成碳水化合物，从而将太阳能固定下来；同时，通过吸收水中和土壤中的各种营养物质，合成自身的组成部分，上述成分作为稻田中的初级生产者而存在。然而，对于水稻而言，杂草、浮游植物、光合细菌都是稻田中营养成分的争夺者，伴随着杂草拔出后移出田外，稻田中部分营养物质流失于系统外；同时，浮游植物、光合细菌多数随田水交换而移出田外，同样带走部分营养物质。

二是为改良土壤性能和增加土壤肥力，稻田中将施入相当数量的有机肥，但有机肥不能直接为水稻所吸收，需要经过微生物的分解、矿化；而微生物在分解有机肥的过程中，先是将肥料分解成腐屑（有机碎屑和微生物群结合成的小集团）。这种腐屑和浮游植物、光合细菌等都是浮游动物、底栖动物（摇蚊幼虫、水蚯蚓蚓、螺、蚌以及水生昆虫的幼虫等）及一些小杂鱼的食物，稻田中的营养物质通过这一渠道部分地转移到这些动物身上，使之作为一级消费者而存在于系统中。然而，从经济价值的角度衡量，这些小动物未能或者极少能发挥其价值的作用，其所占有的能量和营养物质不能得以有效利用。稻田放养鸭和鱼、蟹、虾类后，生态系统中各生物种群及相关联系发生了重大调整，物质循环在途径和分量上随之变化，能量和营养物质流入水稻和养殖生物类的部分明显增大，流入杂草和其他生物的部分大为减少，稻田的产出能力得以有效提高。

二、稻田养殖共生互利作用

稻田养鸭和鱼、蟹、虾类等共作稻田生态系统中共生互利作用主要体现在以下几个方面。

（一）生物除草作用

稻田杂草种类繁多，据国际水稻研究所的调查结果显示，我国稻田杂草有200多种，其中危害严重的有20多种，这些杂草与水稻

争夺阳光、空间、水肥等农田生态系统的环境资源，杂草从田间吸收的氮素相当于水稻植株吸氮量的 8%以上，常导致稻谷产量降低 10%~30%，如果每平方米有 20 株稗草，就会使水稻减产 30%左右。为了清除杂草，农民需耗费大量时间在田中反复从事高强度的劳动；采用化学除草剂虽然能减轻除草劳动，但会增加稻田生产成本，大量或长时期施用除草药物，对稻米质量和生态环境也将构成不利影响。显然，稻田中大量杂草的存在，不仅降低了自然资源的有效利用程度，对水稻生长发育过程也有诸多不利的影响。然而，稻田杂草中的大多数种类，如轮叶黑藻、鸭舌草、聚草、菹草等是鱼类尤其是草食性鱼蟹等喜好的饵料。据测定，体长 7~13 厘米的草鱼日食草量约相当于自身体重的 52%。若每亩放养数千尾草鱼每日即可除去杂草数千克。稻的茂密茎叶为鸭、鱼、蟹和虾等提供了避光、避敌的栖息地。鸭在稻丛间不断踩踏，使杂草明显减少，有着人工和化学除草的双重效果。因此，稻田养鸭、养蟹、养鱼的除草作用是十分明显的。

（二）生物防虫作用

稻田中的主要害虫有螟虫、稻飞虱、叶蝉、蛾类及幼虫、象甲、蝼蛄、福寿螺等，稻田养殖的鸭、蟹和鱼等均能大量地吞食这些害虫，并减少对水稻生育的危害。据资料表明，养蟹稻田只在插秧前重施一次农药，以后可以不再用药，这样不仅可以减少农药的资金投人。同时，由于稻田施药量的减少，大大减轻了对稻田的污染，有利于保护环境和人体健康，因而生态和社会效益显著。因此，稻田养鸭、养蟹、养鱼等是稻田虫害防治的有效生物措施。

（三）生物增肥作用

鸭、蟹、鱼、虾在稻田中以杂草、浮游生物和底栖动物为食，这样不仅减少稻田中与水稻争夺养分的因子，而且起到了增肥作用。河蟹的残饵、粪便含有丰富的氮、磷营养成分，是稻田优质的有机肥料。鱼吃食了稻田中各种食物，除部分用于自身增重和能量消耗外，大部分变为粪便排泄而返回田中，体重数十克的草鱼，其日排粪量相当于日摄食量的72%。鱼粪中含氮、磷较高，优于猪、牛粪，与人、羊粪接近，仅次于鸡、兔粪，是稻田的优质肥料。稻田放养鸭、蟹、鱼、虾类后，大量的粪便迅速分解、矿化，不仅为当季稻作及时提供了速效肥，而且还为下茬作物提供了优质的基肥，显著地提高了稻田肥力，为下茬作物增加单产提供了良好的物质条件。据调查统计，在10千克左右，相当于47克氮肥、70克磷肥和31克钾肥，按每亩稻田放养13~15只鸭的密度，其排泄物能够满足水稻正常生育所需氮、磷、钾养分。

（四）松土通气作用

稻田处于淹水状态，水分的需要一般可以充分满足。但长期浸水条件下，氧气只能借助扩散渗透作用进入土壤，尽管田水中溶氧常因藻类的光合作用而达过饱和状态（每立方米水体中溶氧高达12~14克），但扩散渗透土壤中的氧量甚少。因此，水中的溶解氧只能在表面土壤形成只有几毫米厚的氧化层。在氧化层中繁生着很多的好氧微生物，能在氧气充足的条件下将肥料迅速分解、矿化，供水稻吸收；而在氧化层下的很厚的土壤中却得不到足够的氧气，只有嫌气微生物在缺氧条件下分解有机物，产生如硫化氢、亚硝酸盐、沼气、有机酸等物质。稻田中土壤气化层的“封固”作用，不仅使土壤中有机肥分解不彻底，降低其应用肥效，而且会影响水稻根系生理机能，造成烂根现象。生产中为打破土壤表面氧化层的“封固”，避免出现烂根，多采用晒田的手段。在稻田进行养殖后，更有利于松土和通气作用；河蟹在觅食和掘洞穴居的过程中，起到了中耕松土的作用；鱼处于不间断的游动之中，搅动水体，增加溶氧在田水中的均匀性，从土壤中掘取食物，频繁和大面积地翻动表面土层，打破了氧化层的原有结构，使氧气能渗入缺氧的土层中；鸭在稻间不断活动，既能疏松表土，又能促使气、液、土三相之间的交流，从而把不利于水稻根系生长的气体排到空气中，氧气等有益气体进入水体和表土，促进水稻根系、分蘖的生长和发育，形成扇株

型，增强抗倒能力，起了中耕的作用。因此，鱼和鸭的游动、觅食等行为能促进稻田土壤中肥料的分解和矿化，增加肥效和松土的作用，有利于水稻的根系发育。

此外，鱼类和鸭子吞食稻田中杂草和稻脚叶，可疏通稻脚空间，改善稻田的通气和光照条件，有利于稻田中气体交换和水稻的光合作用。

（五）改善水质条件

稻田水体为鸭和鱼、蟹、虾类养殖提供了空间、溶氧、饵料等较好条件，但也使养殖对象、放养规格等受到一些限制。稻田水体的基本特点是面积大、水位浅，稻作期间因水稻生长的要求，水深一般维持在5~10厘米。由于面积大、水浅、地势开阔、空气中的氧容易溶解于田水中，加之大量植物光合作用释放氧气，田水中溶氧一般较为充足，有时甚至过饱和，充足的溶氧为鱼类的良好生长提供了基础；稻田的水位较浅，经阳光照射后升温很快，一般情况下，稻田水温比池塘水温高1~2℃。稻田养殖时水的交换量大，水稻及水中浮游植物的光合作用，能释放大量氧气，使稻田水中溶氧充足，使水质改善。同时，水稻的生长既为河蟹遮蔽阳光，又为河蟹蜕壳提供场所，避免了同类相残。

（六）提供饵料生物

稻田中存在着大量可作为鱼类和河蟹等饵料的生物，稻田中天然饵料仅杂草一项可提供每亩2500千克鱼产品的生产能力，除水生昆虫等较大个体的饵料生物能被鲤、鲫、罗非鱼等杂食性鱼类有效利用外，稻田中的浮游植物、动物亦是鲢、鳙等滤食性鱼类的主要饵料。稻田中丰富的天然饵料为降低鱼类养殖生产成本，提高鱼产品单位面积产量奠定了良好的基础。

三、稻田养殖的意义

稻田养殖在我国的广泛应用，对于增加家禽和淡水养殖产量，提高稻田综合效益，改善国民食物结构等发挥了积极作用，取得了显著的社会、经济和生态效益。

（一）增加水产品总量，改善国民食物结构

我国是世界上贫水国之一，人均耕地占有量也十分有限，人多地少的矛盾不断加剧。水资源和耕地资源的短缺，一定程度上制约了耗费、占用水、土资源较多的池塘养鱼、养蟹等养殖方式的发展，通过扩大池塘等养殖水体的面积以获取水产品产量的增加，将会面临越来越大的困难。利用稻田从事鱼类、河蟹养殖，每亩可产鱼20~100千克，产蟹20~30千克，在不增加渔业专用水面的前提下，可使以稻作为主的广大地区显著增加水产品总量，已成为一些地区渔业的主要方式之一。稻田养鱼、养蟹显著增加水产品的总量，为减轻粮食压力，特别是使远离商品鱼生产基地，水资源缺乏，交通闭塞的小城镇居民和广大的农民吃上鲜鱼和螃蟹，起到了积极作用，有助于提高我国国民的健康水平，缓解水资源、耕地资源短缺的压力。

（二）稻田养殖共作互利，提高稻田综合效益

稻田中稻、鱼、蟹、虾共作互利，稻田环境为鸭、鱼、蟹、虾提供了广阔的生活空间、丰富的动植物饲料、遮阴和隐蔽的场所，稻吸收肥料、净化水质，鸭、蟹、鱼为水稻除草、治虫、施肥、刺激生长，为人类提供优质安全的生物产品。稻田生产的鸭、鱼、蟹、虾产品，大幅增加了收益。稻田养鸭、养蟹、养鱼、养虾，显著地提高了稻田综合效益，对于稳定因农业生产资料价格上涨、种田收益低下而务农积极性不高的农业劳动队伍无疑具有积极的意义。

（三）减少了农药化肥污染，提高了稻米卫生安全品质

稻米是人类的主要粮食，全国有近三分之二的人口每天都要食用。因此人们十分关心稻米质量安全。稻田养殖，水稻与鸭、鱼、蟹、虾共作的自然生态环境，可以实现低成本，稻区环境不受污染，实现水稻种植的可持续发展。现有的水稻栽培新技术有多种，如水

稻群体质量栽培、肥床旱育稀植、抛秧、直播稻等，或立足高产、或着眼省工，而养殖稻田的水稻生产，与现有水稻栽培的最大区别在于水稻生产主要立足于不施用化肥、农药、除草剂情况下的优质安全稻米生产，其产量又能够接近常规种稻的产量，达到优质安全与高产的和谐统一、粮食生产与水禽生产的紧密结合，经济效益与社会效益、生态效益的一致，而这是现有的水稻栽培技术所不具备的。

（四）改善环境条件，减少疾病发生

除水稻害虫外，稻田中还大量生存着钉螺等传播疟疾、丝虫病、脑炎、血吸虫病的媒介或中间宿主。而稻田中养鸭、养蟹、养鱼类可有效地吞食这些有害生物。稻田中对人、畜有害的生物被放养的鸭、蟹、鱼类大量吞食，可有效减少疟疾、乙型脑炎、丝虫病、血吸虫等严重危害人类的疾病发生，有利于改善环境卫生，提高人民健康水平。

第二节　稻鸭共作技术

稻鸭共作技术是指将雏鸭放入稻田，利用雏鸭旺盛的杂食性，吃掉稻田内的杂草和害虫；利用鸭不间断的活动刺激水稻生长，产生中耕浑水效果；同时鸭的粪便作为肥料，最后连鸭本身也可以食用。在稻田有限的空间里生产无公害、安全的大米和鸭肉，所以稻鸭共作技术是一种种养复合、生态型的综合农业技术。

一、稻鸭共作水田的基本条件和田间工程

（一）稻鸭共作水田的基本条件

水田是稻鸭生长发育的共同场所，水田条件的好坏直接影响到水稻、鸭的生长发育及稻鸭共作效果的好坏。为此，稻鸭共作要按照稻鸭共作对环境条件的要求，选择好水田。

1. 环境条件

要求选择离村镇较远、环境比较安静、形状比较整齐的田块，同时，道路、电力通讯条件较好，排灌自成体系，且不受附近农田用水、施肥、施用农药的影响。

2. 水源水质条件

水稻、鸭的生长都离不开水，水的物理化学性质又直接影响着稻、鸭的生长、品质，尤其是鸭的多项水田作业更是离不开水，没有水，鸭的役用功能就要大打折扣。因此，用于发展稻鸭共作的田块，要优先选用那些靠近水源、水量充足、水质较好、进排水比较方便的田块。水质良好的主要标志是，每升水溶氧含量在5毫克以上，酸碱度为中性或偏碱性，没有工业污染、生活污染，符合灌溉养殖用水标准。凡远离水源的田块，都不宜选用。

3. 土壤条件

一般适合于水稻种植的田块都可用于稻鸭共作，但以水田底土为黏壤土的更为适宜。这样的土质，保水保肥的性能强，底土比较肥沃，田埂比较厚实，不渗不漏，易于进行水肥管理。凡砂土田、漏水田，不易保水保肥，一般也不宜于选用。

4. 面积

用于发展稻鸭共作的田块，其面积的大小并没有严格的要求，3~5亩均可。但为便于提高稻鸭共作的效益，一般以在20~30亩以上面积为好。水田是稻鸭生长发育的共同场所，水田条件的好坏直接影响到水稻、鸭的生长发育及稻鸭共作效果的好坏。为此，稻鸭共作要按照稻鸭共作对环境条件的要求，选择好水田。

（二）加高加固田埂与平整田面

稻鸭共作田间工程建设中，不需要像其他稻田养殖那样开挖鱼沟鱼溜，而通常鱼沟鱼溜的面积要占到稻田总面积的12%~15%。所以稻鸭共作田间工程的作业量要大大少于其他稻田养殖，仅需适当

加高加固田埂和田面平整。

加高、加固田埂有利于适当提高稻田灌水层，发挥鸭的役用效果。通常田埂的加高、加固要提前进行，新加的土要敲细敲碎、压实夯牢，不能留有缝隙或小洞，以确保稻田灌水后，田埂不坍、不漏。

平整田面，能确保寸水处处到，这既有利于水稻生长，也有利于鸭子的活动。

（三）排灌系统建设

排灌渠道的建设，也是稻鸭共作田间工程建设的重要组成部分。要根据灌排方便、及时的需要，做到涵、闸、渠、路等整体规划、综合治理，做到灌得进、排得出，旱涝保收。

（四）搭建简易鸭舍

鸭子放入稻田时，鸭的日龄在7~10日龄，这个时候鸭子还比较小，体重在150克左右，仅身着绒毛，还不可能长时间呆在水中。因此，需在稻田边上的陆地上为鸭子搭建简易鸭舍，以避风雨，以供憩息。

鸭舍搭建的主要建筑材料为竹竿（杂木亦可）、石棉瓦（玻璃钢或其他覆盖材料）。竹竿靠田的一边高、背田的一边低，竹杆支好后，即可铺上石棉瓦。鸭舍长3~4米，宽0.6~0.8米，可容100只左右雏鸭栖息。地面铺以干燥的谷壳、碎草，为雏鸭提供舒适的栖息地。随着鸭子的长大，特别是鸭的羽毛逐渐长出来以后，鸭就会在田埂上栖息，在简易棚生活的时间也会逐渐减少。

（五）初放区的设置

鸭子刚放入水稻大田，需有一个适应过程，尚不宜让雏鸭满田跑。为此宜设置初放区，让雏鸭先在初放区生活1~2天，这样，雏鸭会认识自己的栖息地，在水中待累了，就会回到简易棚中来休息、觅食。1~2天后可打开初放区的围网，让鸭子到整个田中去活动。一个4~5亩田块，初放区的面积，以10平方米大小为宜，如果太小，鸭活动不开来；太大，不便于早期管理。

（六）围栏的设置

围栏是稻鸭共作田间的重要工程设施，是防御天敌、保护鸭子、确保稻鸭共作顺利实施的基本条件。

1. 围栏的作用

设置围栏，是稻鸭共作田间工程中的一项重要工作。设置围栏的作用在于可以防御天敌对鸭苗的危害，固定在田鸭苗的数量和活动范围，确保鸭的役用效果。

2. 围栏的构造

围栏通常由竹木桩和塑料网组成。竹桩的栽植比较简单，只需用木锤将竹桩打入土中即可。木桩上、下各钻一个孔，穿上一根短绳，以用于固定围网。

塑料网通常用聚乙烯线编织而成，在稻鸭共作上用于围网，网孔以1指到1.5指，不超过2指（孔径1.5~2厘米）为宜，网眼过大，小鸭子常会卡在网上。网的高度80厘米。

在水田内侧设网，网的下端用竹（木）桩固定在田中。

二、苗鸭的准备

（一）苗鸭的订购

1. 确定订购苗鸭的品种

适于稻鸭共作的雏鸭品种，最好选用役用鸭品种如湖南攸县麻鸭、福建金定麻鸭、湖北荆江鸭、江苏高邮鸭和巢湖鸭等。这些鸭中小型个体，成年鸭每只重1.25~1.5千克，放养于稻间穿行活动灵活，食量较小，成本较低，露宿抗逆性强，适应性较广；公鸭生长快，肉质鲜嫩；母鸭产蛋率高，农户喜欢放养。

2. 确定需要苗鸭的时间

订购苗鸭具体时间推算应根据水稻作业时间。旱育秧人工移栽

水稻播种至移栽秧龄约为1个月左右，缓苗期5~7天；机插水稻秧龄15~18天，移栽后缓苗10天左右。秧苗活棵后，即可放入苗鸭。适宜放入稻田的苗鸭一般以7~10日龄为宜。鸭的孵化期为28天，所以28天的孵化期加上7~10日龄的育雏期即为鸭蛋入孵期。稻鸭共作农户只要大致确定了栽秧日期、放鸭日期，即可以此向前倒推35天确定为种蛋入孵期，并依此向孵化基地、鸭场订购苗鸭。苗鸭孵化场根据农户的需鸭时间就可以安排种蛋入孵日期。鸭出雏后7~10天，经育雏提前驯水，即可放入稻田，育雏可委托孵化场或养鸭专业户代为育雏、训水，也可以自行育雏。

（二）育雏

1. 育雏前的准备

（1）育雏室、运动场、训水池的准备。首先要选择保温性能好的房舍作为育雏室，育雏室的前面要有相当于育雏室宽度的运动场。在运动场的前面建一驯水池，同时要用充足、清洁的水源。

运动场一定要是水泥地，并略向前方倾斜，以便于冲洗、消毒和阴雨天雏鸭出舍活动，运动场的长度一般宜6~8米。运动场过长，离热源较远，对一些驯水潮毛的雏鸭很难接近热源，羽毛不能及时烘干，造成死亡。运动场过小，会造成运动场过挤，鸭子得不到充分的活动，体质较差。

驯水池设在运动场的前面，水池的宽度以1米为宜，深度为20~25厘米，驯水池的一边必须做成30°左右的斜坡与运动场相连接，以便雏鸭进入和离开水池。水池最好为水泥池，也可用砖头垒后再用农用薄膜覆盖。但由于鸭爪不停地走动，农用薄膜极易破损，效果不好。

鸭舍、运动场、驯水池的周围全部用竹栅、尼龙网或砖块拦住，以防雏鸭乱跑、混群。

对育雏室的墙壁、地面运动场、驯水池要进行彻底地打扫、清洗、消毒，干燥后备用。

（2）饲喂用具。主要有饮水器、饲料台。饮水器最好采用 3 千克的塑料塔式真空饮水器。这种饮水器分贮水塔和底盘两个部分，贮水塔装满水后盖上底盘，倒置后水从贮水塔小孔流出，当底盘水面淹没小孔时水流停止。1 只 3 千克的饮水器可供 50 只雏鸭饮水用。

饲料台可将编织袋拆开制成 0. 8～1 米的正方形饲料台，用 2～3 厘米厚的竹片或竹竿围在饲料台四边的下面，以防止饲料随着雏鸭的活动而外溢。

所有饲喂用具都应进行清洗、消毒，晒干后备用。

（3）垫料。垫料的种类很多，像稻草、麦草、稻壳等都可以使用，但是一定要干净，不能用发霉的或污染过的垫料来垫雏鸭舍，否则雏鸭容易生病。垫料在使用前要放在太阳下暴晒后才能使用。

（4）饲料。在进雏前必须备足育雏期间的饲料。饲料质量要好，如果是自行配制，一定要把好质量关，饲料的营养是否达标，是否发霉。营养不达标、发霉的饲料，不能加工成配合料喂雏鸭。没有加工条件的育雏厂，可以到一些资信程度比较高的大的饲料厂购买肉鸭小鸭前期料或肉鸡小鸡前期料。在购买配合料时，配合料的粒型不能太大，因为雏鸭较小，如粒型太大往往会造成雏鸭采食困难，一般均购买破碎料。

2. 育雏

（1）铺好垫料。在雏鸭未进场前，首先要铺好垫料，如采用稻草或麦草为垫料，可把草稍为切短后铺 3～5 厘米厚即可。长草会将雏鸭裹在里面压死。喂食喂水的地方不要铺垫料，如采用稻壳为垫料，在铺的 3～5 厘米的稻壳上面，再加一点切短的稻草，否则会由于稻壳移动性大，鸭子活动以后，在鸭子休息的地方反而没有了垫料，容易造成鸭子受凉生病。为了便于操作，靠门的四分之一处不铺垫料，用来喂食喂水。

（2）提前加温。雏鸭未进育雏场之前要进行升温预热，待雏鸭到达时，室内温度一定要达到 28℃左右。在加温时，如采用电热加温，要检查各个电线接头是否牢固，要注意用电的安全性。如采用

煤或木屑加温时，要检查烟道是否漏烟，发现情况，立即处理，以防雏鸭一氧化碳中毒。

（3）选择正品雏鸭。雏鸭的选择对于役用鸭来讲尤为重要。因为役用鸭的饲养不是以生产鸭肉为主要目的，而是以在稻鸭共作中干活为主要目的。弱雏除了在育雏过程中会死亡外，在放入稻田时，也会死亡，即使不死，其生活能力很差，不能起到为水稻除虫、除草、中耕浑水、刺激按摩的效果，应予以淘汰。雏鸭的挑选一般可参考下列标准进行：

出壳时间：正品雏鸭都在正常的孵化期内出壳，一般出壳较迟的为弱雏（俗称扫摊雏）。

正品雏绒：正品雏鸭绒毛整洁而有光泽，长短整齐；弱雏绒毛蓬乱污秽，缺乏光泽，有时会短缺。

体重：正品雏鸭大小均匀、体形匀称；弱雏鸭个体较小，抓在手里没有分量。

活力：正品雏鸭眼睛有神、活泼、反应快，抓在手里不停地挣扎，叫声清脆响亮；弱雏鸭眼神痴呆、反应迟钝、站立不稳，抓在手里很少挣扎，叫声嘶哑无力。

脐部：正品雏鸭脐部愈合良好、干燥，其上覆盖绒毛；弱雏鸭愈合不良，脐部有黑疤，俗称钉脐，或脐孔很大，有粘液、带血或卵黄囊外露，脐部无绒毛覆盖。

腹部：正品雏鸭腹部大小适中，触之柔软；弱雏鸭腹部膨大，触之有弹性。

（4）开水、开食、开青。开水是指刚出壳的雏鸭第一次饮水，开食是指第一次喂食。开水的时间应掌握在出壳后 20 小时之内，当雏鸭进入育雏室前，将饮水器加满清水（最好是冷开水，因为雏鸭的消化器官抗病原微生物的能力很差）。如果雏鸭出壳时间已较长，长途运输，可在水中加入适量的葡萄糖或白糖。水的温度宜在 25℃左右，过低的水温会刺激雏鸭的消化道，引起消化不良。按 1 只 3 千克的饮水器供 50 只雏鸭的比例放足饮水器。第一天饮水器的摆放，应根据雏鸭的分布情况均匀摆放，使每只雏鸭都能尽快地找到饮水。第二天以后为了便于管理并保持垫料的干燥，可将饮水器放在靠在门的一侧，因为1日龄雏鸭识别和寻觅能力较差，一旦找不到饮水，很快就会脱水，造成死亡。1日龄后雏鸭通过饮水采食后识别和寻觅能力很快加强，能很快地找到饮水和食物。

开食常在开水后15分钟左右进行，也可紧接着开水后就进行开食。一般是将制作的食台摆放在靠近门一侧四分之一处，这样既便于饲养人员操作，同时在喂食时又不干扰鸭子的休息。如果用破碎料饲喂的可将饲料直接倒在食台上，如采用粉料饲喂的，可将粉料略加一点水搅拌，干湿度以用于抓一把料，捏紧后能成团，放开后能散开为宜。第一次喂食，饲喂量不能太多，以防饲料变馊和造成饲料浪费。

开青，即在育雏期间尽可能喂给雏鸭一些切碎的青绿饲料，训练雏鸭采食青草的能力。

在育雏的全过程中，必须保证雏鸭昼夜有清洁、充足的饮水，不能间断。雏鸭的饲料，在1周龄内必须要采用常备料，自由采食的方法，食台上始终要有料，做到少喂、勤添，以免造成浪费。

3. 驯水

鸭的驯水是稻鸭共作鸭育雏的一个重要环节，也有别于普通鸭育雏驯水。鸭驯水的要求：一是早驯水，以便雏鸭尽早放入稻田，开始稻鸭共作；二是驯好水，达到水不湿毛。未经驯水的雏鸭直接放入稻田，死亡率高，是很危险的做法。

（1）雏鸭的驯水日龄。稻鸭共作起初是在水稻移栽后10天至半月放入2~3周的雏鸭，经过数年实践，发现尽早放鸭，可以提高稻鸭共作各方面的效果。根据目前役用鸭的品种的驯水技术已经能做到在水稻移栽后7~10日，放入7~10日龄的雏鸭。

就雏鸭驯水而言，只要天气晴好，1日龄雏鸭即可驯水，如果因天气原因错过了1日龄，驯水最好在3日龄以后逐步进行。

（2）驯水方法。雏鸭3日龄时，如果是晴朗的天气，即可放入

运动场中活动。此时的雏鸭对室内的环境已很熟悉，要让它熟悉运动场的环境，以便为驯水做准备。除室内饲喂饲料外，最好在运动场再设置食台饲喂一点饲料。饮水可根据情况在靠近驯水池的地方放置饮水器，驯水池不要放水。

雏鸭4日龄，在晴天温暖的中午，可预先在驯水池中放入清洁、无污染的清水，将雏鸭赶出鸭舍，进入运动场，但鸭舍与运动场之间的门不要关闭，以便一部分潮毛的雏鸭进入鸭舍理毛。同时鸭舍内要加垫一些干燥的垫料，鸭子进入运动场后，不要驱赶鸭群进入驯水池，让雏鸭自由出入。因为雏鸭看到驯水池里池水后，会异常兴奋，大部分雏鸭很快进入驯水池。这时管理人员要密切注意，一般雏鸭绒毛有一点潮湿，它会自动上岸在运动场或鸭舍内梳理羽毛。在体温、阳光、室内温度的共同作用下很快干燥。但对全身绒毛潮湿超过二分之一，在水中或上岸后由于潮毛而不能行走的雏鸭，应立即拣出，放在热源的旁边烘干，否则鸭会很快虚脱死亡。第一天鸭子驯水根据天气气温情况和雏鸭下水情况，一般不能超过两个小时，也就是从中午12时开始到14时结束。5日龄雏鸭的驯水时间可延长到4~5个小时。5日龄后白天可任其自由下水，但发现有潮毛的鸭仍要及时拣出，烘干绒毛。雏鸭驯水的时间要掌握先短后长、循序渐进的原则。这样经过3~5天，即可完成驯水工作。

（3）驯水成功的标准。驯水成功的雏鸭，在水中运动嬉戏活泼自如、水不沾毛，可以顺利放入稻田。而未经驯水的雏鸭，下水后身上绒毛被水沾湿，因冷而颤抖。若将这样的鸭子放入稻田，鸭子死亡率高，风险很大，直接影响到稻鸭共作的成败。雏鸭不经驯水不能下田，应当是雏鸭放入稻田开始稻鸭共作所必需掌握的一条原则。

4. 育雏期管理要点

（1）掌握适宜的温度。雏鸭入舍后，要掌握好适宜的温度，切忌忽冷忽热。管理人员一定要按标准供温、降温。除按供温标准供温外，还要注意雏鸭的动态，灵活掌握。如雏鸭散开，采食饮水正常，休息时很舒坦，自然不打堆，说明温度适宜；如雏鸭缩头耸翅相互挤在一起，不断向鸭群里钻或向鸭堆上爬并发出叽叽的尖叫声，说明温度太低，需立即升高温度；如鸭群远离热源，张嘴呼吸、饮水增加，说明温度太高，需适当降温。

（2）合理分群饲养。由于稻鸭共作技术需要的役用鸭数量较多，苗鸭供应集中，同一批苗鸭少则几百只，多则上千上万只。这么多的苗鸭，不能混为一群，必须按出雏批次、大小、强弱分为若干群，一般每群以300~ 500只为好。同一批苗鸭，由于蛋的大小、个体的差异，总会有大小、强弱之分，因此在分群时，尽量把大的、强的合群，小的、弱的合群，并不断地进行挑选，以便分类管理，提高育雏成活率。

（3）建立良好的人鸭关系。役用鸭要求从育雏到从稻田内捉出来，都要建立良好的人、鸭关系，以便于进行规范化的管理和细致的观察，特别是用蛋用型鸭来进行稻鸭共作，由于它具有胆小、神经质的缺点，看到人后会集群起哄、打堆，造成苗鸭被踩伤、压死，在放入稻田后，会整群起哄，对秧苗造成伤害，出现整片缺苗。

雏鸭入舍后，必须由专人进行管理。管理人员最好要固定专人而不要经常更换。管理人员在喂食、喂水、进舍观察时，脚步、声音要轻，嘴可用“呱、呱、呱”或“呷、呷、呷”的声音来呼唤雏鸭。这样经过1~2天的调教就能建立良好的人、鸭关系。

（4）搞好清洁卫生，保持鸭舍干燥。随着日龄的增大，雏鸭的排泄物不断增加，特别是驯水后，鸭子不断地把水分带入鸭舍，鸭舍内极易潮湿、污秽。这种环境不利于雏鸭的生长、发育。高温、潮湿、污秽的环境，极有利于病原微生物的生长繁殖，使雏鸭生病死亡。因此必须及时打扫干净，勤换垫料，保持舍内干燥，特别是在驯水时，雏鸭在下水后必须要有一个干燥的场所来梳理羽毛。要勤换或勤加垫料，使舍内垫料清洁干燥，以便雏鸭的羽毛迅速干燥。

（5）驯水池的水要清洁。雏鸭驯水后，白天饮水就不再使用饮水器（夜晚还是要用），直接在驯水池中饮水。因此池水要清洁卫

生，水源最好用自来水。如果没有自来水，可选择清洁卫生的、无污染的水源。鸭子在下水时，在水中洗刷羽毛，把羽毛上的污秽和嘴里的饲料洗在水中，同时鸭脚也会把鸭粪带入水中，因此驯水池的水要勤换，最好是常流水。每天还必须打扫冲洗1~2次，以确保水质的清洁。

（6）逐步脱温。雏鸭从出亮到7~10日龄放入稻田，温度差别是很大的，平均每天需降温1~2℃，如不细心的管理，是难以成功的。

三、稻鸭共作水稻育秧移栽与放鸭技术

（一）稻鸭共作水稻育秧方式与栽植密度

1. 水稻育秧方式

移栽稻特别适宜于稻鸭共作技术，主要是移栽稻与鸭比较容易取得两者的协调、平衡。移栽稻目前主要方式有旱育稀植、水育秧和机插水稻的塑盘育秧，这当中以旱育稀植方式最为适宜。除了水稻旱育稀植通常所具有的优点之外，稻鸭共作中水稻采用旱育稀植所具有的优点：一是旱育秧的秧苗硬挺、老健，栽后发根扎根快，秧苗不易为鸭损害；二是旱育秧秧龄一般在30天，此时秧苗通常可达20~30厘米高，带1~2个分蘖，这样大小的秧苗与7~10日龄放入稻田的鸭苗之间较易取得协调平衡；三是旱育秧适于适当稀植，这一点与稻鸭共作要求稀植的要求也是相一致的。水育秧、机械水稻塑盘秧也可采用，但效果不及旱育秧好。

2. 水稻的栽植密度

稻鸭共作水稻的栽培密度既要考虑水稻高产的需要，又要考虑这种栽植密度要适于鸭子的活动。一般来说，稻鸭共作的栽植应适当稀于常规种稻密度，行距可采用24~27厘米，株距则适当扩大到18~21厘米，亩栽1.2万~1.5万穴，基本苗5万~6万株，这样的株行距配置，不仅有利于水稻的高产，也有利于鸭在株内穿行，稻

鸭共作的各种效果就可以更好地发挥出来。

（二）稻鸭共作放鸭技术要点

1. 放鸭前的准备工作

在将苗鸭放入稻田，正式开始稻鸭共作之前，各项准备一定要在放鸭之前准备就绪。这些准备工作，主要有以下几项。

（1）水的准备。准备放鸭前，稻田应事先建好水层，水深5厘米左右。雏鸭放入稻田后，比较兴奋，会不停地在水中戏嬉，寻觅食物。如果水层太浅，由于鸭子的活动，水搅拌成泥浆状，沾在羽毛上使羽毛不易很快爽水干燥，会造成雏鸭的死亡。

（2）垫料的准备。在简易鸭舍内铺上一层垫料，最好是稻草。因为稻草铺上后不容易滑动，比较稳定。如果采用稻壳或者木屑，必须在垫料的四周用砖块扁放一圈，否则由于这些垫料滑动性大，鸭子一活动，很快会散失掉，垫料要新鲜，不能发霉。在简易鸭舍的一头，用一块地方放置食台。

（3）食台的准备。用编织袋或农用薄膜，制作成60~80厘米宽的正方形食台，食台的边缘用4~5厘米厚的毛竹或木条固定，以防鸭子在采食时将饲料带出食台，造成浪费。食台制作好后，放在简易的鸭舍空地上，如果是晴天也可将食台放在简易鸭舍外，阴雨天再放入鸭舍内。

（4）饲料的准备。在雏鸭未放入秧田之前，要准备好充足的、优质的雏鸭料，并将一部分饲料，撒在饲料台上。

（5）雏鸭的运输。雏鸭从育雏场经过运输抵达田头后，应尽快打开包装，按要求逐个田块进行放鸭。采用使用过的旧塑料水果筐（长×宽×高为45厘米×35厘米×15厘米），每只筐装20只鸭，恰好一筐鸭放一亩田。鸭在育雏场装车前，应提前一个小时停食停水，以免雏鸭在车上压伤，雏鸭运抵目的地后立即喂水、喂食。同时车上装载的苗鸭较多，车辆在行进中，空气流动较快，温度散发快，一旦车辆停下来，车厢里的温度增加，温度散发不出去，轻则会造

成鸭子出“汗”，影响今后的生长发育，重则会热死在包装筐内。因此，苗鸭在途中运输的时间越短越好。

2. 放鸭的条件和时间

（1）放鸭条件。秧苗栽插已活棵扎根。这样可避免鸭子的活动踩倒秧苗，采用旱育稀植的秧苗，损伤少、发根快，一般栽后5~7天，即可放鸭。

围栏、简易鸭舍、初放区、雏鸭饲料已准备就绪。设置围栏，建简易鸭舍，围初放区要避开水稻栽插的大忙季节，可以提前到冬春农闲季节进行。

雏鸭已经驯水，已能适应温度和水温的变化。早驯水的鸭子，一般7~10日龄即可放入稻田。

（2）放鸭时间。水稻栽插后杂草就会陆续出苗，插栽后7~10天出现第一次杂草萌发高峰，这批杂草主要是稗草、千金子等禾本科杂草和异型莎草等一年生莎草科杂草。插栽后20天出现第二次萌发高峰，这批杂草以莎草科杂草和阔叶杂草为主。由于前一高峰期杂草数量大、发生早、危害性大，是防除的主攻目标。所以稻鸭共作要想达到较理想的控草效果，应在稻田杂草的第一萌发高峰期放入鸭子。这时杂草刚萌发，且为小草，容易吃掉。因此，放鸭入田的时间在水稻移栽后最迟不要超过10天。

出雏5~7天的鸭子看上去很小，也许多担心能不能适应新的环境，而实际情况是苗鸭尤其是役用鸭生命力很强，对环境的适应力也很强。根据各地的实践，小鸭比大鸭动作更灵活，捕食力强，役用效果好。

具体到一天中的放鸭时间，宜选择晴天的上午9~10时为宜。此时气温已比早晨高，而且还在升高，到下午14时左右，气温升到一天中的最高气温，随后气温又逐渐下降。9~10时放鸭，鸭能较好适应这种变化的气温、水温。

如果遇到阴雨天，可将鸭放入稻田的工作适当提前或推后1~2天。尽量选择在晴好的天气放鸭，晴天放鸭效果优于阴雨天。倘若遇到连阴雨天气，可适当推迟放鸭时间，也可以选用驯水完毕的鸭子放入稻田。

3. 放鸭的数量与鸭群大小

放鸭的数量即一亩田放多少鸭为宜，这与鸭的大小、田间饵料多少、共作效果大小等有关。一般每亩田放 12~20 只为宜。

鸭有合群活动习性，所以如果鸭群过大、鸭子过多，一则田间饵料不够吃，二则会对秧苗产生危害（不是采食损坏，主要是践踏损坏）；另一方面，如果鸭群太小，也不易取得满意的共作效果。初期稻鸭共作，一群鸭以 80~100 只，面积 4~5 亩为宜；技术掌握得较熟练后，一群鸭以 200 只，面积 8~10 亩为宜。

4. 放鸭的地点、区域

放鸭入稻田，应先将苗鸭投放于简易鸭棚内的陆地上，地上铺好干稻草或稻壳，一边铺上一块拆开的编织带，其上放入雏鸭饲料。这样鸭苗经运输送到田头，投入鸭舍，虽陌生，但很快就能熟悉、适应新的环境、居所，认识新家。鸭吃了饲料，很快会到水边喝水，甚至迫不及待地下水一显身手。

在整块大田设置初放区很有必要。在刚把鸭放入稻田的时候，先让鸭在初放区活动 1~2 日，以方便管理。万一遇有恶劣天气，就很容易将苗鸭从初放区赶上岸来，赶至简易鸭舍。如果一下将鸭放入大田，鸭子还不认识新家，满田游弋，要抓要赶就麻烦了。初放区大小可按每亩 4~5 平方米设置。1~2 天后待鸭已认识了家，即可从初放区放入大田，初放区的围网不要拆除，以便回收鸭子时使用。

5. 鸭的饲喂

鸭放入稻田后的饲喂原则应当是适当饲喂，切忌过量。雏鸭在育雏时以人工饲喂为主，放入稻田后即应逐步转向自由采食为主，适当饲喂为辅，若鸭在田间采食不足，适当补饲，有助于保持鸭有充足的体力去胜任各项田间管理任务，有助于鸭与主人之间建立良好的人鸭关系，便于对鸭进行管理。如果饲喂太多，就成了稻田养

鸭，有悖于稻鸭共作初衷。至于饲喂多少，并无严格的数量规定，这主要应注意观察鸭子生长、生活、活动的情况并加以调节。杂草害虫种类多，营养丰富，鸭喜觅食，不大上来要食吃；若田间天然食料少，鸭子始终吃不饱，要食吃的情况就比较厉害，也不易安定下来。

雏鸭在 21 日龄之前的饲料要求能量、蛋白较高的全价饲料，21 日龄后可造当降低营养标准。40 日龄后可根据本地原料情况，喂一些次麦、瘪稻等，也可喂一些营养水平较低的配合料。

雏鸭在放入稻田的前 3 日，应采用常备料自由采食的方法，即饲料上始终要有料，但要掌握少喂勤添，以免造成浪费，特别是粉料，在加水拌料后，时间一长就会变馊。3 日后逐步改为 1 日 4 次或 1 日 3 次，但在每次雏鸭采食后，食台上都要剩余一点饲料。这样可保证每只雏鸭都能吃饱料，使群体生长均匀，大小较一致。

雏鸭放入稻田后，会很快地采食水稻田内的杂草害虫和一些小动物，因此可根据稻田内天然食物的情况、鸭子的膘份情况，逐步地把鸭子的喂料次数降到 1 日 2 次、1 日 1 次。但要掌握一个原则就是，鸭子的体膘不能太瘦弱，一般采用三种方法来检查，一看鸭子在水田内活动毛色光亮，水不湿毛；二摸鸭子的体膘正常，不太瘦；三称鸭子的体重略低于本品种同日龄舍饲鸭体重。只有保证鸭子有一定的体膘，才能保持旺盛的活力，来完成鸭子所担负的工作，否则鸭子太瘦，就没有活力去工作，甚至危及生命。

有的时候，稻田中有些地方，可能因水浅，鸭子去得少，杂草较多，在这种情况下可以有意识地在这些地方投喂饲料，呼唤鸭子前来觅食，如此几次，这些地方的杂草就会被鸭子除掉。

投喂次数，每日至少 1~2 次，这一方面是为鸭子补充饲料，另一方面是为了建立良好的人鸭关系，方便对鸭的观察。你越是与鸭相处的时间长，鸭子越是不怕人，如果你几天才去一次，鸭子见了你这个生人会跑得远远的，这就不便于对鸭的管理。

投放饲料的地点，可以在简易鸭舍或靠近简易鸭舍的陆地上。

投饲地点相对固定，鸭子能很快记住投饲点，只要人一呼，或看到主人来喂料，鸭子会很快聚拢过来。

6. 鸭的护理、照看

鸭放入稻田的最初几天，作为鸭的主人、从事稻鸭共作的农户，一定不可以认为鸭已放入稻田，就万事大吉了。在鸭放入稻田的最初几天，对鸭还是需要精心管理、呵护的。这一时期的主要的工作有，查看网围得是否好？鸭子是否适应新的环境？是否因网围得不好而有鸭子从网里钻出来或卡在了网上？是否有少数鸭子湿毛发抖？如发现有上述情况，就要及时采取相应措施加以妥善处理。对少数湿毛发抖的鸭子，要及时从水中捉上来，带至室内，置于电炉下烘干。

鸭子放入大田后，要经常巡田观察，同时每隔 4~5 日要下田检查一次，既要观察水稻长势、杂草害虫发生情况，更要注意检查是否有鸭子生病、死亡，发现情况及时处理。

7. 鸭的调教

鸭的视觉、听觉较灵，对各种声音和饲养员的吆喝声反应快，容易接受训练和调教。稻鸭共作面积小，可固定饲养管理人员呼唤鸭子。稻鸭共作面积大，靠人的嗓子吆喝就比较吃力，可以采用电喇叭播放音乐训练鸭子。一开始时，唤鸭吃食时即播放音乐，这样一个星期时间下来，只要播放音乐，即使不喂食，鸭子也会闻声而来。这样便于人和鸭之间建立较密切的关系，便于对鸭的生长、活动情况进行观察，也便于稻鸭共作结束之后从田里将鸭子捉上来，既免得人呼唤鸭子吃力，也增加了稻鸭共作的乐趣。

8. 鸭子的提前在田育肥

消费者对稻田鸭十分欢迎，但对其体重大小还是有一定的要求的。一般要求在 1.3~1.5 千克。如大田期鸭的饲养管理不好，鸭的体重偏小，若捕捉上来再进行育肥，鸭子在捕捉时受到惊吓，产生应激反应，要有一个适应的过程，这样育肥的效果往往不理想，增

加了饲养成本。所以对鸭提前在田育肥比较妥当。具体做法是，在鸭子捕捉出田前的半个月前，（可根据水稻的抽穗期向前推算）开始增加鸭的饲喂量，增加精饲料的饲喂量。这样鸭子从田里收上来后就可以及时出售。

9. 鸭子的防病、防中毒、防中暑

稻鸭共作的实践表明，稻鸭共作，鸭是关键，因此一定要确保鸭子在田的成活率。疫病、中毒、中暑是影响鸭子在田成活率的三大因素。

疫病的防治：对鸭病防治，应以预防为主，首先要做好种鸭的免疫接种，由母源抗体来保护苗鸭。开产时进行鸭瘟、禽流感、鸭霍乱、鸭疫巴氏杆菌、鸭病毒性肝炎等的免疫接种，分别于选留种蛋前 45 天及相隔 14 天后对种鸭进行鸭病毒性肝炎的免疫接种，雏鸭可获得很好的母源抗体。没有母源抗体的雏鸭，于 1 日龄皮下注射鸭病毒性肝炎疫苗，2 周后接种鸭瘟、禽流感、禽霍乱、鸭巴氏杆菌等疫苗。

中毒的防治：鸭的中毒，主要有两类，一类是周围非稻鸭共作田块防治水稻病虫害的农药液流到稻鸭共作田来，解决的办法在进行稻鸭共作时先要选择好田块，与非稻鸭共作田最好隔开一定距离，加固田埂，防止非稻鸭共作田的水流到稻鸭共作回来。另一类是田内有鸭子死亡腐烂生蛆。鸭子吃了蛆后引起肉毒梭菌中毒，解决的办法是及时巡回，发现有死鸭子要及时检出。死鸭子一般多是那些体质较弱的鸭子。

中暑的防治：7 月、8 月的高温，容易引起鸭子的中暑。但只要注意在高温季节灌好深水就可以有效防治鸭子的中暑，一般水深 10 厘米。

四、稻鸭共作田间管理技术

（一）稻鸭共作的水稻栽培策略

稻鸭共作中的水稻高产与现行水稻种植技术的高产要求途径基

本上是一致的。高产水稻的生物学原理是：大个体组成的群体优于小个体组成的群体，通过增大个体提高群体生长总量有利于稻谷高产；分蘖穗比例大的群体穗形较大，增大分蘖穗比例有利于大穗高产；高成穗率和稳穗增粒是高产更高产的重要对策；抽穗后尽可能提高光合作用效率，对高产起着决定性作用；水稻生育后期保持强大根系和适当增加施氮量，使抽穗后仍能从土壤中吸收较多氮素，有利于稻谷高产；在成熟后期保持稻株的根系活力和光合能力，可使茎鞘物质出现明显的再累积而达到高产。稻鸭共作中的水稻生产，同样应当遵照这些水稻高产的生物学原理。

稻鸭共作，既要考虑到水稻的高产，又要考虑到充分发挥鸭的役用功能。水稻旱育稀植技术比较适合于稻鸭共作。旱育，有利于培育茎村粗壮、叶片挺直、发根力强的适龄壮秧；稀植，既有利于增加分蘖穗的比例，也有利于鸭子在田间的活动。密植则会抑制鸭子的活动，至于稀植到什么程度，大致上讲，水稻旱育稀植常规稻通常采用的栽植密度是30厘米×13厘米或26厘米×13厘米；稻鸭共作的栽植密度可以采用30厘米×24厘米，或26厘米×20厘米，每穴2~3苗的密度。水稻的品种应尽量选用优质高产的品种。

（二）稻鸭共作的水管理

1. 稻鸭共作水管理的原则

稻鸭共作田水浆管理与常规种稻水浆管理的一个重要区别就在于水的管理。常规种稻水浆管理是浅水栽秧，深水活棵，浅水勤灌，适时排水、搁田。结实中后期干干湿湿，活熟到老。稻鸭共作则是栽秧后一直保持适当水层，绝不将浑水排出，水少时适当添进新水，保持水层高度，在鸭子从田间撤出后，待水淀清，才渐渐排水或让水自然落干，以后可以采用干干湿湿的灌水方法。

2. 放鸭时的水管理

鸭放入稻田之前，一定要调节好水层，以5厘米左右的浅水为宜。栽秧后，适当灌深水有利于秧苗活棵，也有利于鸭捕食稻株上

的害虫。栽后5~7天，水会因蒸发、渗漏变浅。此时，要根据稻田水层情况适当加以调整，以利放鸭。水太浅，鸭子无法下水活动，毛上可能浑身是烂泥；水太深，水温不易上升，鸭子小，浑水效果差；此外，水太浅，鸭子易遭天敌袭击，而有水层，一些不善水的陆生天敌只能望而却步。而有水，鸭子能游弋，其运动速度大大快于在陆地上行走，防御敌害的能力大为增强。

3. 放鸭后的水管理

放鸭后的水管理，既应考虑到水稻，也应考虑到鸭子。从鸭子的角度看，应始终保持稻田建有水层，只添水，不排水。有水层，鸭子就能充分发挥水禽在水中游弋觅食的功能。没有水，鸭的活动能力就要大打折扣，有水层，亦可有效防御陆生天敌；有水层，还有利于抑制湿生杂草。但水过深，鸭子的脚够不到水底，除草、中耕、浑水功能就会受到影响。水过深，田埂的高度需要进一步加高，这会增加稻鸭共作田间工程的作业量。随着鸭子的一天天长大，水层可以逐渐加深。

稻鸭共作水管理的原则是不排水，只添水。稻鸭共作形成的浑水含有肥料，排水会导致养分流失，故不排水，只是在稻田水层减少时适当补充一些水。

（三）稻鸭共作的肥料管理

在稻鸭共作在实施过程中，原则上不施用化学肥料作基肥和追肥。在地力不足时，可施一些有机肥料。稻鸭共作完全做到不施用化肥、农药、除草剂，应属有机稻米生产，这是最高标准，难度要大一些。部分做到，比如完全不用除草剂，大幅度减少化肥、农药的使用量，也很不错，也是现行稻作技术的进步。若要搞严格意义上的稻鸭共作，在地力、肥料上可以采取以下措施：

1. 水旱轮作

夏秋种水稻，冬春种油菜、绿肥或秋冬蔬菜，如包菜、青菜。

2. 种植绿肥作物

除种植绿肥外，还可以种植一些经济绿肥作物，比如蚕豆、黄花苜蓿。

3. 农畜结合

把种植绿肥、牧草与养畜，尤其是草食畜禽，如羊、鹅等结合起来。绿肥、牧草过腹还田，以种草促养畜，以养畜增加有机肥。

4. 施用商品有机肥

生产无公害稻米，可以施用一定数量的无机肥。基肥可施水稻专用复合肥 25 千克，分蘖肥可施尿素 5 千克、水稻专用复合肥 10 千克，促花肥施尿素和复合肥各 7.5 千克，保花肥施复合肥 10 千克。

5. 实施稻、鸭、萍共作

绿萍既可作为水稻的肥料，又可作为鸭的饵料。稻田放萍后，可以显著增加鸭粪的产量，增加有机肥的数量。

（四）稻鸭共作的病虫害管理

对水稻主要害虫，鸭均有较好的控制效果。但对三化螟、稻纵卷叶螟造成的危害，防治效果却不够理想。这是因为三化螟的卵块产于植株叶片中上部，稻纵卷叶螟主要在叶片的中上部危害。而此时水稻植株已较高，鸭子已经够不着。另外，蚁螟孵化后，即蛀茎为害，造成枯心和白穗，鸭再有本事，也无能为力。因此，稻鸭共作防治三化螟为害的办法就不是喷喷化学农药，否则就失去了稻鸭共作生产无公害稻米的意义。

1. 应用频振杀虫灯诱杀螟蛾，减低落卵量

频振杀虫灯的使用方法比较简单，将灯吊挂在高于作物的牢固的物体上，接通电源。频振杀虫灯有手动和光控两种。手动的，每天傍晚需人工开启，天亮关闭；光控的使用更为简便，天黑以后就会自动开启，天亮了又会自动关闭。杀虫灯下口须张挂接虫袋，诱

杀到的多种昆虫，富含动物蛋白和多种营养元素，无农药污染，又是喂鸭的好饲料。一盏频振杀虫灯的控制面积在60亩左右。用灯时间可从5月开始，持续到9月底。杀虫灯使用结束以后，应及时收起，妥为保管，以便下年再用。

2. 应用生物农药防治

如对稻纵卷叶螟，可以选用100亿孢子/毫升短杆菌悬浮剂100～120毫升，对水30～40千克电动喷雾。对纹枯病。可以选用5%井冈霉素防治。水稻稻瘟病可以选用枯草芽孢杆菌1 000亿芽孢/克可湿性粉剂防治。

五、鸭的捕捉销售与水稻收获和销售

（一）鸭的捕捉及销售

1. 捕捉时间

水稻进入抽穗期后，鸭会采食稻穗，要及时将鸭从稻田里捕捉上来，以免对稻穗造成危害。

2. 捕捉方法

只要建立了良好的人鸭关系，要将鸭子从稻田捕捉上来，并不很困难。捉鸭方法不外有两种，一种是人呼与喂食相结合，让鸭子集中到一起来。在捉鸭前几日，应将捕获区（即初放区）的网紧好紧牢，只留不大的通道，这样鸭子一集中到捕获区，及时将通道堵上，就可以将鸭子捉上来。捉鸭时，最好有几个人相配合。要争取一次诱捕成功，勿使逃逸。另一种方法就是驱赶捕捉。首先在准备捉鸭的地方围好捕获区，并留下较狭窄的通道口，然后几个人手持细长竹竿，从另一头并排行走，驱赶鸭子。鸭子在人的驱赶下只得向被驱赶的方向逃。这样，鸭子很快被赶进捕获区，堵上通道口即可捕捉。家鸭无飞翔力，相对温顺一些，比较好捉，役用鸭虽飞不起来，但能振翅跑动，力气也比较大，所以捕获区的竹桩、网一定要牢固，以防鸭挣脱逃跑。

3. 鸭的销售

对捕捉上来的鸭子可以根据市场情况及时销售。稻田鸭瘦肉多、脂肪少、肉嫩、味鲜美，上市以来就受到消费者的欢迎，供不应求。稻田鸭的食用，可以有多种方法，但最好是作鸭煲，味道十分鲜美，还可以做成酱鸭，具有脂肪少、瘦肉多的特点。

（二）水稻的收获及销售

随着稻鸭共作的顺利实施，鸭子一天天长大，水稻也进入抽穗扬花灌浆结实期。水稻抽穗灌浆时，即需将鸭子从稻田里收上来。齐穗后，待浑水淀清以后，即可放水晒田。稻鸭共作田由于鸭的持续中耕浑水，稻田土依土粒大小呈三层分布，脱水后田面即呈现大大小小的裂缝，排水快，到收获时，收割机下田已不成问题。

收鸭后，收割机下田前，宜提前将围栏的竹桩、围网拆除，收好，以供下年再用，也为收割机下田收割水稻提供便利。当田间有95%的谷粒黄熟后即可收割水稻了。

稻鸭共作在完全不施用化肥、农药、除草剂的情况下，能够生产出无公害、绿色食品、有机食品的稻米，其产量接近或略低于常规水稻的产量。但由于生产的是无污染优质稻米，所以稻米的价格要高于普通大米。稻鸭共作生产的稻米品质，经农业部稻米检测中心测定，分别达到了无公害稻米和有机稻米的标准。这表明，稻鸭共作确实是生产无公害稻米、绿色稻米、有机稻米的有效途径。应用稻鸭共作技术生产出的优质安全大米，受到了消费者的信任和欢迎。

做好无公害大米、绿色大米、有机大米的申报论证，通过论证、创立品牌，可以进一步提高稻米的附加值，增加农民收入，也可以为城乡人民提供优质安全的大米。

第三节　养殖蟹种稻作技术

稻田养殖蟹种是根据稻蟹共生互利原理进行的，可充分利用稻

田面积和水域空间，发挥土地资源潜能，发展优质稻米生产和优质蟹种培育，提高水稻种植和河蟹养殖业经济效益。

一、养蟹稻田的准备与建设

（一）养蟹稻田的选择

培育蟹种稻田须交通便利，能灌能排，保水保肥能力强，土质以黏土或壤土为好。特别要求水源充足，水质良好，不受任何污染。田块面积不限，2~10 亩均可。

（二）养蟹稻田的设施工程

1. 开挖环沟、田间沟

培育育蟹种的田块需离田埂 2~3 米的内侧四周开挖环沟，沟宽 1.5~2 米，深 0.5~0.8 米；较大田块需挖田间沟，呈“十”或“井”字形，开挖的面积占稻田总面积的 5%~10%，所挖出的土用于加高加固田埂，施工时要压实夯牢。

2. 建设防逃设施

建设双层防逃设施，外层防逃墙沿稻田田埂中间四周埋设，要求高 50~60 厘米，埋入土内 10~20 厘米，用水泥板、石棉瓦等材料，木、竹桩支撑固定，细铁丝扎牢，两块板接头处要紧密，不能留缝隙，四角建成弧形。内层防逃建在田埂内侧，用网片加倒檐或钙塑板围建，高 40 厘米左右。建好进、排水渠道，水口用较密的铁丝网或塑料网封好，以防蟹种逃逸和敌害随水进入。

3. 排灌系统

利用原有的渠道，夯实灌排水地基，不留缝隙。要做到灌得进、排得出，水位易于控制。

（三）环沟消毒

4 月上旬，环沟先加水至最大水位，然后采用密网拉网除野，同时采用地笼诱捕敌害生物，一周后排干池水。4 月中旬起重新注新水，用生石灰消毒，用量为每亩 150 千克。

（四）移栽水草

一般 4 月下旬开始移栽，环沟中挺水性、沉水性及漂浮性水草要合理搭配栽植，保持相应的比例，以适应河蟹生长栖息的要求，。四周设置水花生带，池内保持一定量的浮萍极为有利，水草移植面积占总面积的 50%~60%。

（五）施肥培水

为保证蟹苗下塘时，池中有丰富的天然饵料，在放苗前 7 天，沿池四周施用腐熟发酵的有机肥（鸡粪、猪粪、羊粪）每亩 150~250 千克，装入塑料编织袋中，在袋上戳一些洞，如遇水质过浓，可方便取出，同时在放苗前进行一次水质化验，测定水中氨氮、硝酸氮、pH 值，如有问题应及时将老水抽掉，换注新水，调节水质。

二、蟹苗选购与放养

（一）蟹苗选购

选用长江水系亲蟹在土池生态环境下繁育的蟹苗（也称大眼幼体），亲蟹要求雌蟹 100~125 克/只、雄蟹 150 克/只以上。蟹苗具体要求：淡化 6 日龄以上，体色呈淡姜黄色，群体无杂色苗，出池时水的盐度在 4‰以下，群体大小一致，规格整齐，每千克 14 万~16 万只，育苗阶段水温 20~24℃，幼体未经 26℃以上的高温影响。活动能力强，蟹苗在苗箱中能自行迅速散开。育苗阶段幼体未经抗菌素反复处理。

（二）蟹苗运输

适宜干法运输，用一种特制的木制蟹苗箱，长 40~60 厘米，宽 30~40 厘米，高 8~12 厘米，箱框四周各挖一窗孔，用以通风。箱框和底部都有网纱，防止蟹苗逃逸，5~10 个箱为一叠，每箱可装蟹苗 0.5~1 千克。蟹苗箱内应先放入水草，箱内用水花生茎撑住箱框两端，然后放一层绿萍，使箱内保持一定的湿度，也防止蟹苗在一侧

堆积，并保证了蟹苗层的通气。运输途中，尽量避免阳光直晒或风直吹，以防止蟹苗鳃部水分蒸发而死亡。

（三）蟹苗放养

放养时间一般在5月中旬前。蟹苗先在环沟中培育1个月左右，放养量一般每亩稻田1.5~2千克，蟹苗运到田边后，先将蟹苗箱放入环沟水中1~2分钟，再提起，如此反复2~3次，以使蟹苗适应水温和水质。

（四）蟹苗-Ⅲ期仔蟹培育

1. 饵料投喂

因为河蟹在蟹苗各阶段其习性不同，必须有的放矢地采取不同投饵培育措施，才能提高其成活率。蟹苗养成Ⅲ期仔蟹投饵模式见附表7-1。

表7-1　蟹苗养成Ⅲ期仔蟹投饵模式

生长阶段	目标	经历时间	饵料	措施
第一阶段	蟹苗养成Ⅰ期仔蟹	3~5天	水蚤	每天泼豆浆2次，上、下午各1次，每亩每天3千克干黄豆，浸泡后磨50千克豆浆
第二阶段	Ⅰ期仔蟹养成Ⅱ期仔蟹	5~7天	水蚤人工饵料	人工饵料为仔蟹总体重的15%~20%，上午9点投1/3，晚19点投2/3
第三阶段	Ⅱ期仔蟹养成Ⅲ期仔蟹	7~10天	人工饵料	人工饵料为仔蟹总体重的15%~20%，投饵时间同上

人工饵料可采用新鲜野杂鱼，加少量食盐，烧熟后搅拌成鱼糜，再用麦粉拌匀，制成团状颗粒，直接投喂。其混合比例为：杂鱼0.8千克加麦粉1千克，饵料一部分投在清水区，另一部分散投于水生植物密集区。

2. 分期注水

蟹苗刚下塘时，水深保持20~30厘米，蜕壳变态为Ⅰ期仔蟹后，加水10厘米，变态为Ⅱ期仔蟹后加水15厘米，变态为Ⅲ期仔蟹后，再加水20~25厘米，达到最高水位（70~80厘米）。分期注水，可迫使在水线下挖穴的仔蟹弃洞寻食，防止产生懒蟹。进水时，应用密眼网片过滤，以防止敌害生物进入培育池，如培育过程中遇大暴雨，应适当加深水位，防止水温和水质突变，否则，容易死苗。

3. 日常管理

一是及时检查防逃设施，发现破损及时修复，如有敌害生物进入池内，必须及时加以杀灭。二是每日巡塘3次，做到“三查、三勤”，即：清晨查仔蟹吃食，勤杀灭敌害生物；午后查仔蟹生长活动情况，勤维修防逃设备；傍晚查水质，勤作记录。三是池内要保持一定数量的漂浮植物，一般占水面的1/2左右，如不足要逐步补充。

（五）大田蟹种饲养管理

1. 大田放养

一般在水稻秧苗栽插活棵后进行，此时可测定环沟中仔蟹的规格和数量，如果数量正好适宜大田养殖，即可拨去培育池的围拦，让幼蟹自行爬入大田，如果数量不足或多余要进行调剂。

2. 饲料投喂

仔蟹进入大田后，除利用稻田中天然饵料外，可适当投喂水草、小麦、玉米、豆饼和螺、蚬、蚌肉等饵料，采取定点投喂与适当撒洒相结合，保证所有的蟹都能吃到饲料。饲养期间根据幼蟹生长情况，采取促、控措施，防止幼蟹个体过大或过小，控制在收获时每千克在160~240只。

3. 水质调控

育蟹种稻田由于水位较浅，特别是炎热的夏季，要保持稻田水质清新，溶氧充足。水位过浅时，要及时加水；水质过浓时，则应

及时更换新水。换水时进水速度不要过快过急，可采取边排边灌的方法，以保持水位相对稳定。

4. 日常管理

要坚持早晚各巡田一次，检查水质状况、蟹种摄食情况、水草附着物和天然饵料的数量及防逃设施的完好程度，大风大雨天气要随时检查，严防蟹种逃逸。尤其要防范老鼠、青蛙、鸟类等敌害侵袭。生长期间每 15~20 天泼洒 1 次生石灰水，每亩用生石灰 5 千克。

5. 病害防治

一龄幼蟹培育过程中病害防治要突出一个“防”字。首先是投放的大眼幼体要健康，不能带病，没有寄生虫。二是饵料投喂要优质合理，霉烂变质饲料不能用，饵料要新鲜适口，颗粒饲料蛋白质含量要高，以保证幼蟹吃好、吃饱、体质健壮。三是水质调控要科学，要营造良好的生态环境。

（六）蟹种捕捞运输

1. 捕捞方式

蟹种捕捞要突出提高捕捞效果，减少损伤。第一步：水草诱捕，在 11 月底或 12 月初将池中的水花生分段集中，每隔 2~3 米一堆，为幼蟹设置越冬蟹巢，春季捕捞只要将水花生移入网箱内，捞出水花生，蟹种就落入网箱内，然后集中挂箱暂养即可；第二步：用同样的办法捕起其他蟹巢中的蟹，蟹巢捕蟹可重复 2~3 次，上述方法可捕起 70%左右的幼蟹；第三步：干池捕捉，捕捉结束后将池水彻底排干，待池底基本干燥后采用铁锹人工挖穴内蟹种，要认真细致，尽量减少伤亡；第四步：挖完后选择晚上往池内注新水，再用地笼网张捕，反复 2~3 次，池中蟹种绝大部分都可捕起。

2. 暂养

捕起的蟹种要暂养在网箱内，但必须当日销售，尽量不要过夜，暂养要注意两个方面的问题，一是挂网箱的水域水质必须清新，箱底不要落泥，二是每只网箱内暂养的蟹种数量，不宜过多，一般每立方米暂养数量不要超过25千克，挂箱时间2~3小时。

3. 运输

蟹种经分规格过秤或过数后放入聚乙烯网袋内扎紧即可，过数的蟹种要放在阴凉处，保持一定的湿度，蟹种运输只要做到保湿、保阴两点就行，最重要的是尽可能减少幼蟹的脱水时间。

三、水稻栽培管理

（一）水稻品种选择

选用耐肥力强、茎秆坚韧、耐深水、抗倒伏、抗病害、优质高产且成熟期与河蟹的收获期相一致的水稻品种。

（二）秧苗栽插

养蟹稻田栽秧后长期在深水层内，影响分蘖的发生，分蘖力较差，因此为了保证获得一定量的穗数，必须栽足基本苗，实行宽行密植，适当增加田埂内侧蟹沟两旁的栽插密度，以发挥边际优势。

（三）施肥技术

河蟹对化肥农药非常敏感，如何协调稻蟹共存共生的矛盾，是取得稻蟹双丰收的关键之一。河蟹对化肥非常敏感，尤其是追肥，要求禁止施用铵态氮肥（如碳酸氢铵、磷酸二铵等）。由于河蟹在生育过程中不断排放粪便，因而水稻全生育期施肥量可适当减少，纯氮控制在每亩15千克左右，对稻、蟹种均有利。养蟹稻田原则上应多施农家肥。水稻栽插前要施足基肥，每亩施用人畜粪肥500千克左右。追肥2~3次，追施的肥料通常用尿素，尽量不用其他化肥。追肥时先把稻田水加深到6~7厘米，追肥量尿素每亩4~6千克，具体视水稻的生长情况而定。也可使用生物肥料作叶面肥，以充分发挥稻、蟹互利的优势。

（四）病虫草防治

养蟹稻田病虫害较少，一般以预防为主，坚持早发现、早施药。

用药要因地制宜，根据药物所需要的药效条件恰当选择。及量施用生物药剂，禁止剧毒农药在养蟹种稻田施用。可选择毒性小、污染少的药剂。用药方法：粉剂在早晨有露水时使用，水剂在稻叶上无水情况下喷洒。稻田害虫防治务必先灌水，提高田内水位，喷药时要喷头朝上，药液尽只要能落在水稻叶面上。养蟹稻田中的大部分杂草被蟹种食用，防草的对象主要是稗草等河蟹拒食种类。除草过程应于水稻插秧前完成，蟹种入田前 10~15 天禁止用药。

（五）水浆管理

稻田要保持水层 10~15 厘米，并经常注入新鲜清洁水。搁田采取短时间降水轻搁，水位降至田面露出水面即可。

四、蟹种培育的注意事项

（一）分阶段培育

第一阶段由蟹苗养成Ⅲ期仔蟹（也称“豆蟹”）。此阶段经历 13~15 天，放苗时间最好在 6 月上中旬，在暂养池中培育，每期的规格标准为：Ⅰ期 4 万~14 万只/千克、Ⅱ期 2 万~4 万只/千克、Ⅲ期 1 万~4 万只/千克。第二阶段由Ⅲ期仔蟹育成扣蟹。此阶段至 10 月底结束，仔蟹进入稻田中生长，以后每期的规格标准为：Ⅳ期 0.4 万~1 万只/千克、Ⅴ期 1600~4000 只/千克、Ⅵ期 400~1600 只/千克、Ⅶ期 200~400 只/千克、Ⅷ期 120~200 只/千克。根据上述规格标准，在培育过程中定期抽测，视情况采取“控制”或“促长”措施。

（二）防止水体缺氧

河蟹在仔蟹阶段的窒息点为 2 毫克/升，因此要使仔蟹顺利地生长发育，溶氧必须在 4 毫克/升以上。仔蟹进入稻田以后，尤其是 7 月上旬到 9 月底这段时间，秧苗老叶、田中蟹不摄食或摄食不完全的水草和一些藻类腐烂，以及仔蟹的排泄物、动物分解产生氨态氮，导致水质败坏，溶氧降低，轻则影响河蟹生长、蜕壳不利，重则导致幼蟹停止生长、负生长和死亡。因此要增加换水次数、清除杂物，不投腐烂变质饵料。

（三）重视规格和质量

要求大眼幼体（即蟹苗）来源要正宗，最好是湖泊中用长江水系蟹种育成的亲本，大眼幼体繁殖符合标准化，忌购“花色苗”“海水苗”“嫩苗”“高温苗”“待售苗”“药害苗”“蜕壳苗”。育出的扣蟹要求规格整齐，体质健壮，活动敏捷有力，无残肢断足，无伤病，无蟹奴、纤毛虫等寄生虫附着。尤其是对规格的要求：以80~120只/千克为宜，规格过小（1000只/千克左右）则失去养大蟹的价值；规格过大（30~50只/千克），易导致性早熟。

第四节　养鳖稻作技术

一、稻田选择与田间设施建设

（一）稻田选择

要求背风向阳、环境安静，地势平坦、土质肥沃、粘性壤土为佳，取水方便、水量要满足养殖需求，水质清新、周围无污染源，经检测各项指标符合《无公害食品　淡水养殖产地环境条件》（NY 5361—2010）标准。并要求供电、交通、通信方便。面积原则上不限，每块田5~10亩为宜，最好集中连片，便于商品鳖销售、品牌创建和形成产业化。

（二）土方工程

主要开挖环沟、田间沟、鳖坑、注排水口和加高加固田埂。距田埂四周2~3米处挖成上口宽5~6米、底宽3~4米、深0.8~1米的环沟；大的田块开挖“目”字形或“井”字形的田间沟，沟宽2~3米，沟深0.5米；在稻田对角或四角分别开挖2~4个鳖坑池，池长、宽、深为（5米×4米×1.5米），为养殖鳖提供活动、摄食、

避暑场所；开挖沟、坑的土用于加高加固田埂，田埂加高到1~1.2米，埂顶宽2米左右，每层土都要夯实，确保田埂的保水性能；在稻田两端斜对角开挖进、排水口，通过水管由阀门控制，并设置不锈钢或铁质防逃网。

（三）防逃设施

整匡养鳖稻田外围用低碳钢丝涂塑网建成隔离栏，每隔2米树一根水泥桩固定，网高1.8米，埋入土中20厘米，土上1.6米左右，防止外来人员和动物进入；在田埂顶部用塑料薄板做材料，沿稻田四周挖约0.2米深的沟，将塑料薄板埋入沟中，保证塑料薄板露出田埂面50厘米左右，塑料薄板每隔1米用竹、木棍或塑料细管支撑固定，用细铁丝扎紧，防逃塑料薄板在四角做成弧形，防止鳖沿夹角爬出逃逸。有条件的在稻田上空覆盖防鸟网，将鸟类拒之网外。

（四）晒背台

在鳖沟中每隔20米设置一个宽1.2米、长2米的木板或用竹片拼成的晒背台，并兼作饵料台。晒背台要求表面光滑，一端用绳、桩固定，另一端设置沉入水中15厘米左右，供鳖在上面摄食和晒背。

二、种、养前的准备

（一）稻田整理、施肥

土方工程和田间设施完成后，进行稻田整理，用机械翻耕秸秆还田，精细整地并待田面沉实2~3天后，亩施32%复合肥25千克加尿素5千克。

（二）鳖沟、鳖坑消毒

鳖沟、鳖坑注满水，按总面积计算每亩用生石灰150千克化水泼洒消毒，杀灭致病菌和其他有害生物，3天后排去积水，暴晒1周后经过滤注入新水。

（三）移栽水草

鳖沟、鳖坑注水后向沟内移植水花生、水葫芦等浮水植物，用浮竹竿做成正方形将其固定在水面上，覆盖面积不超过鳖沟、鳖坑总面积的30%，其目的是夏秋季高温季节由于水位较低为鳖提供遮阳，躲避的场所和净化水质；同时栽种一些轮叶黑藻、野菱等沉水植物，可模拟鳖野生生态环境和提高鳖的卖相。

（四）投放螺蛳

螺蛳投放分2~3次进行，第一次在“清明”节前，投放在鳖沟、鳖坑中，每亩投放活螺蛳150~250千克，同时投放一定数量的抱卵青虾，让其自然繁殖幼螺和仔虾，为鳖提供活体天然饵料。以后视稻田中螺蛳数量，适时进行补投，每次投放100~150千克。螺蛳投放时先将其洗净，用强氯精或二溴海因等药物杀灭螺体上的细菌及原虫。

三、鳖种放养与水稻栽植

（一）鳖种选择

选择品种纯正，体质健壮，色泽鲜亮，裙边厚实且平直，腹部有明显黑斑，背部青灰色，无病无伤，反应灵敏，规格整齐。根据养殖方式和设计产量情况，如果饲养周期为1年的，可选个体重350~450克的鳖种；如果采用一年种水稻，两年一个轮作周期的，可选个体重150~300克的鳖种。同一稻田放养的鳖种尽量力求规格一致，有条件的建议雌雄鳖分开单养。

（二）鳖种放养

鳖种在水稻插秧20天后进行投放，放养量为饲养1年的每亩100只，饲养2年的每亩200只左右。如果稻田条件较好，每亩还可套放小龙虾苗种5000尾。鳖种放养前用浓度为15~20毫克/升的高锰酸钾，浸泡15~20分钟；或浓度为3%的食盐，浸泡10分钟；或浓度为30毫克/升的聚维酮碘（含有效碘1%），浸泡15分钟，杀灭

幼鳖体表所携带的病原菌及寄生虫。

（三）水稻选择与种植

选择抗倒伏、抗病力强的水稻品种（也可选用“高秆稻”作为养鳖田稻种），根据当地积温适时安排水稻育秧和插秧。可另田水育秧或旱育秧，一般控制秧龄在30~35天开始移栽，插秧方式采用机插、手插均可，采取大垄双行技术，即每2行为1组，组内行间距为20厘米，组间距为40厘米。普通插秧机一般不能插宽窄行，需要对插秧机改造，另外，插秧时要注意鳖沟边行密植。

四、日常饲养管理

（一）饲料投喂

为了保证鳖的生长、成活率和商品质量，以稻田中的螺蛳、小杂鱼虾、昆虫等天然活饵料为主，辅以蛋白质为30%以内的鳖专用全价饲料，也可将鲜鱼、螺蚌蚬肉、畜禽内脏如猪肝、猪胰、瓜果、蔬菜等打浆与全价料混合投喂，做到精料和粗料搭配。水温18~20℃时，2天投喂1次；水温20~25℃时，1天投喂1次；水温在25℃以上时，每天投喂2次，分别为上午9：00和下午4：00前后进行。饲料投喂在食台上，一般控制在2小时吃完为宜。

（二）科学用药

稻田养鳖用药要做到稻、鳖兼顾，既要保证水稻不发生重大病害，又要保证用药不能对鳖造成伤害。尽量不要用药，必须用药时要选择高效低毒农药或生物制剂，严禁使用含磷类，菊酯类、拟菊酯类等毒性较强的药物。用药时尽量加深稻田的水量，降低药物的浓度，用药粉剂在早晨露水未干时喷施，水剂和乳剂在下午喷施。

（三）加强管理

首先是经常巡查，养殖期间坚持观察鳖的活动情况，防逃设备完好情况，水质变化情况等，大风大雨天气要随时检查，发现问题及时处理；其次是注重水位调节，水位调节以满足水稻不同生长期需要而不影响鳖养殖为原则；第三要注意观察鳖沟内水质变化情况，可每半个月左右亩用15~20千克生石灰进行泼洒消毒，在夏秋高温季节还要加注新水和更换老水，每月换水3~4次，每次的换水量在10~30厘米。管理中特别要做好记录，备于总结经验教训和产品的可追溯性。

第五节　养殖克氏原螯虾稻作技术

一、田间工程建设

进行稻田养殖克氏原螯虾的田块应选择地势低洼，水源充足、水质清新，能抗旱防涝，土质保水能力强，以壤土或黏土为好。

（一）加高加固田埂

田埂高度要求50~70厘米，宽为50厘米以上，田埂基部加宽到1~1.5米。修筑田埂一般可用开沟的下层硬土，边加高加宽，边夯实。

（二）建造进、排水口

养虾稻田的进、排水口一般设在稻田相对两角的田埂上，一般进水口宽为30~50厘米，排水口为50~80厘米。进、排水口与宽沟或虾凼直接相通时，底面应高出沟或凼面10厘米，进、排水口上需安装栅栏。栅栏材料可用竹箔、化纤网片或金属丝网片等。

（三）开挖虾沟

虾沟是克氏原螯虾栖息、觅食、生长的主要场所，是在水稻浅灌、晒田、施肥、撒农药时的栖息、躲避躲避场所；在虾沟和虾溜中放置地笼网，可便于捕捞。虾沟开挖可沿田埂内侧四周开挖宽2~5米，深70~80厘米的环形沟，挖出的土用于堆筑堤埂。田块较大的可在田中开挖“十”字或“井”字形田间沟，田间沟宽1~3米，深60厘米，并与环沟相通。环沟和田间沟占总面积的15%~20%。

为方便水稻的机械化耕种收割，在虾沟上修建 3 米宽的机耕通道方便下田作业，环沟由管涵连接。

（四）设置防逃设施

稻田四周用规格 1 厘米的聚乙烯网围拦成防逃设施，网片埋入田埂内坡土中 20~30 厘米，上部高出土层 70~80 厘米，每隔 1.5 米用木桩或竹杆支撑固定，网片上部两铡缝上宽度 30 厘米的塑料薄膜。防止克氏原螯虾攀爬外逃和老鼠、蛇、青蛙等敌害进入。

二、稻虾共作方式

利用稻田的浅水环境，辅以人为措施，既种稻又养虾，提高稻田单位面积生产效益的生产形式。稻田中水的溶氧量较高，光线弱，动植物饵料丰富，为克氏原螯虾提供了良好的栖息、摄食和生长环境。

（一）虾苗放养

根据稻田有效面积，在 4—6 月放养规格 150~300 尾/千克克氏原螯虾苗种 1.5 万~2.0 万尾/亩；苗种放养在虾沟中，沿虾沟均匀取点投放，以免虾苗过于集中在某一段，引起虾苗死亡。

（二）饲料投喂

充分利用稻田中的光、热、水、气等资源优势，搞好天然饵料的培育与利用。采取施足基肥、适量追肥等办法，培养大批枝角类、桡足类等大型浮游动物以及底栖生物、杂草嫩芽等，为虾苗虾种提供优质适口天然饵料。

根据不同季节和小龙虾的不同生长发育阶段，搞好饵料组合。4~6月以投喂精料为主，如配合饲料、小杂鱼等，提高养殖虾规格和成活率。7—10 月还是以投喂精饲料为主，但要适当增加青料的投喂比率。

根据克氏原螯虾的生活习性，实行科学投饲。饲料投喂在傍晚进行，饲料投喂在虾沟滩上和沟边田坂上；投饲量根据吃食情况而定，一般以投饲后3小时内基本吃完为宜。

（三）水质管理

稻田养殖虾，水质管理十分重要，结合稻田生产合理管水，保持水质清新，定期换水，使虾沟内的水保持清新。要把握好以下3个方面。

1. 根据季节变化调整水位

4~6月苗虾种放养之初，为提高水温，虾沟内水深要浅；7月水稻栽插返青至拨节前，田在保持3~5厘米水深，让小龙虾进入稻田觅食；8月水稻拨节后，可将水位提到最大，水稻收割前再将水位逐步降低直到田面露出，准备收割水稻。

2. 根据天气、水质变化调整水位

小龙虾生长要求池水的溶氧充足，水质清新。为达到这个要求，要坚持定期换水。通常5—6月，每7~10天加换10厘米；7—9月高温季节，每周换水1~2次，每次换水10~15厘米；10月后每15~20天换1次。平时还要加强观测，水位过浅要及时加水，水质过浓要换新鲜水。换水后水位要保持相对稳定。

3. 根据水稻搁田、治虫要求调控水位

水稻生长中期，为使空气进入土壤，阳光照射田面，增强根系活力，同时为杀菌增温，需进行烤田。通常养虾的稻田采取轻烤的办法，将水位降至田面露出水面即可。烤田时间适当减短，烤田结束随即将水加至原来的水位。水稻生长过程中需要喷药治虫，喷洒农药后也要根据需要更换新鲜水，从而为水稻、小龙虾的生长提供一个良好的生态环境。

（四）捕捞

经过2个月左右饲养，就有一部分克氏原螯虾能够达到商品规格。将达到商品规格的小龙虾捕捞上市出售，未达到规格的继续留在稻田内养殖，降低稻田中虾的密度，促进小规格的虾快速生长。

捕捞的方法通常采用地笼网、虾笼捕捞。一般在傍晚将虾笼或地笼网置于稻田虾沟内，隔天清晨起笼收虾，通常地笼网捕捞小龙虾效果较好。

三、稻虾轮作方法

在长江中游地区，气候相对温暖的地方，有许多低洼田、冬泡田或浸田，通常一年仅种一季水稻；克氏原螯虾适宜的吃食和生长温度相对较低，可利用冬闲期间来繁育苗种和养殖商品虾，以提高稻田利用率，增加农民收入。具体方法如下。

（一）苗种放养前准备

水稻收割后暴晒田坂，让留在田中的稻桩晒出香味，稻草也需晒干后还田。然后进水放养苗种。

（二）苗种放养

克氏原螯虾种苗放养有 2 种模式，可根据实际养殖条件来放养，以降低生产成本。

1. 放种虾模式

具有环形虾沟的田块，可在 7—8 月水稻收割之前在稻田的环形虾沟中放养亲虾。放养量 15~20 千克/亩，雌雄比为 1.2∶1~1.5∶1；或在 8—9 月放养抱卵亲虾 12~15 千克/亩。亲虾放养不需要投饲，等水稻收割、秸杆还田后进行灌水养殖。

2. 放幼虾模式

克氏原螯虾在长江中下游地区秋季繁殖高峰期为 8 月下旬至 10 月中旬，可采用降低水温、调节水位等方法，专池提早繁育苗种。到 9—10 月水稻收割后，投放幼虾 1.5 万～3 万尾，进行商品虾养殖。

（三）饲养管理

稻草还田后，稻田中天然饵料生物丰富，种苗放养后可不投喂饲料；但当天然饵料量不足，又见大量幼虾活动时，应适当投喂人工配合饲料。一般水温低于10℃，可不投喂。

冬季小龙虾进入洞穴中越冬，翌年的3—4月水温回升后从洞穴出来。此时用调节水位的办法来控制水温，调控的方法是：白天，水可浅些，让太阳晒水以便水温尽快回升；晚上、阴雨天或寒冷天气，水应深些，以免水温下降。冬季管理还要注意加强水质管理，根据水色水质变化情况，适时注换新水，换水时要注意水温变化不可太大。日常巡田检查，防偷、防害、防结冰。

开春以后，要加强饲料投喂和施肥，以加快克氏原螯虾的生长。放养种虾的3月中旬就要用地笼开始捕虾，捕大留小，一直到稻田整田前，彻底干田将田中的虾全部捕起。

第六节　养殖青虾稻作技术

一、稻田的选择与设施

养虾的稻田应选择平原地区低洼稻田，需要具备充足而又无污染的水源，水质清新，土地壤保水力强，排灌方便，保证天旱不干，暴雨不淹，面积以2~5亩为宜。养虾稻田的基本工程有加高加固田埂，开挖虾沟、虾溜（又称虾函、虾坑），灌排水渠道，涵闸、注排水口设置及防暑，防洪等设施。在靠近水源入水口处开挖1块长方形小池塘，面积约田块的8%，沿稻田的田埂内侧，距埂1米处挖宽2.5米，深0.8米的环形水沟，田块中间挖宽0.5米、深0.8米的“+”字形田间沟，小池塘，环形沟，田间沟三者面积总和占稻田面积的15%左右，为了提高并保持稻田一定水位和防止田埂渗漏，以利于虾的养殖，可用挖沟、挖塘的剩土加宽加高外埂，并夯实加固以防止大水冲塌与渗漏水，一般要求将田埂加高到50~100厘米，埂面加宽40厘米左右。开挖注，排水口位置宜在稻田的两边斜对角，并在四周用木框安装80目密眼筛网片或作竹编制呈弧形的虾栅，凸

面朝逆水方向，埋入注、排水口的泥中，防止逃虾和敌害生物进入稻田危害虾苗，设置防逃虾的网栏应高于田埂，并经常清除排水口的泥土，杂草和杂物等，保持水流畅通无阻。在盛夏前在虾溜西南一端埂上，用竹木搭架，架上攀上丝瓜、南瓜、扁豆等藤瓜豆植物，为虾溜中的虾遮阳降温。

二、养虾稻田的准备

（一）田沟消毒

在虾苗放养前用生石灰、漂白粉、茶饼等对养虾稻田中小池塘、环形沟、田间沟进行消毒，彻底杀灭各种病原体，敌害生物，消毒时每亩用60~75克生石灰放入小坑中加水溶化，不待冷却即向稻田池沟中均匀泼洒，使用生石灰的第2天，必须用铁耙耙动水底，使石灰浆与淤泥充分混合。一般经过7~10天药性消失后方可注水，施肥，插秧，然后才能放养虾苗。

（二）种植水草

稻田种植的水草是从河道或水塘中捞取菹草（虾藻），轮叶黑藻，伊乐藻、聚草、水花生等水草，冲洗干净后将水草根栽植到稻田沟塘淤泥中，每平方米水面种植3~5棵，覆盖面不能超过虾池面积的1/3。

（三）施肥

放养虾苗和插秧前，养虾稻田分别施足基肥，一般施入发酵后的猪、牛粪和人粪尿等有机肥，施用量每亩250~400千克。

（四）栽植水稻

宜选择抗倒伏、抗病力强的水稻品种，采用免耕直播或抛秧法较好，田埂内侧，沟旁增加水稻栽插密度，发挥边际优势，每亩平均种植秧苗1.5万株左右。

三、虾苗种放养

6月中旬放养人工培育的春繁虾苗，规格为体长1.5~2厘米，每亩放养1.5万~2万尾，要求虾苗大小均匀。也可在4月底至5月初，放养为体长4~6厘米的抱卵虾，每亩放养1千克左右。放虾苗种应选择晴天上午9时之前进行，虾苗应坚持带水操作。

四、青虾饲养管理

（一）调控水质

青虾喜欢在“清、肥、洁、嫩、爽”的水质环境中生活，所以稻田养殖青虾要抓好水质管理，尤其要注意水的肥瘦，稻田水质如过肥会引起缺氧，青虾浮头，水质过瘦时饵料生物不足，根据水质“两头肥、中间瘦”的规律，即在生长早期和后期，保持适度肥水，透明度控制在25厘米左右，7—9月为生长中期，水质清爽，透明度控制在30厘米以上。高温季节为降低水位，必须每周换1次水，先排出旧水后，注入占田水1/3~1/2的新水。在每次注入新水时，要防止敌害动物及病原微生物随水流入田中，在进出水口用60目尼龙筛网滤水。

（二）饵料投喂

青虾是杂食性又偏食动物性的甲壳动物，幼体阶段以浮游生物为主要饵料，成虾阶段喜吃米糠、麸皮、糖糟、豆饼、螺蛳、蝇蛆、鱼粉、蚯蚓、蚕蛹及动物尸体等动物性饲料，也吃食一些水生植物性饲料，稻田养虾由于虾的密度较大，仅靠天然饵料不能满足需要，应加喂人工饵料。在青虾的主要生长季节，投喂植物性饵料的同时，要搭配少量新鲜杂鱼等动物性饵料，以弥补营养不全，8—10月，由于青虾摄食能力增强，需要投喂青虾专用颗粒饵料，以缩短饲料周期，促进青虾达到大规格上市。投喂青虾饵料要求定位、定量、定时，一般每日投饵1~2次，投喂的饵料可用水浸泡拌成糊状，投喂

在虾的沟、溜中，因为青虾喜欢夜间摄食，所以要在傍晚把饵料投在浅水处使所有虾苗均可吃到饵料，日投饵量宜控制在虾苗总质量的2%~3%，但要根据天气，温度，水质和虾苗的摄食等情况作增减调整，一般来说，如在投饵后1~2小时虾苗能全部吃完，则表明投饵量适宜，如在投饵后2小时虾苗未能吃完，则表示投饵量过多，要适当减少投饵量，青虾在脱壳期间不摄食，也要减少投饵量，青虾体长达到3厘米以后，其生长速度加快，此时应增加日投喂动物性饵料的比例。

五、水稻日常管理

养虾稻田应追施发酵的人畜粪等有机肥料，少施化肥。在水稻分蘖期、幼穗分化期和增穗壮粒期追肥，每次每亩用5千克尿素。养虾稻田要尽可能不用或少用农药，禁止施用剧毒农药，必要时，应选择低毒高效农药，施用时应先灌深水，采用喷雾方法将药液喷粘于稻株上，减少农药落入水中，乳剂农药在水干后喷洒，粉剂农药在有露水时喷洒，夏天气温高，农药挥发性强，毒性也大，应在下午4时以后用药，喷洒后如发现青虾浮头不适应，要加灌新水，平时要巡视检查田埂是漏洞，坍塌，要设置网片，围栏，防止青蛙，水蛇和食肉野杂鱼等敌害动物进入稻田危害虾苗。水稻生长中期需要烤田，烤田时将水稻田里的水位降到田面刚露出水面即止，以保证虾沟内有稳定的深水，经过1~2次短时间的晒田轻烤后，立即加水至原来水位，在烤田时应保证虾沟，溜内稳定的水深。

六、成虾捕捞

青虾生长很快，经过在稻田中饲养3~4个月，到8月底，即可轮捕上市，捕捞体长5厘米以上的大虾上市，留下小虾继续生长。捕捞青虾时先适当降低水位，趁虾集中到沟中用抄网、小型地笼捕虾。

第七节　养殖泥鳅稻作技术

一、稻田的选择与设施

（一）养鳅稻田的选择

选择进排水方便，水源清新，无污染，水量充沛，降雨时不溢水的稻田，土质以高度熟化，肥力较高的壤土为宜。一般要求保水性能好，渗漏速度慢，每块田面积 2~10 亩为宜。

（二）开挖鱼沟和加固田埂

在水稻播种前，为便于水稻机械化收割和烤田，沿稻田田埂内侧四周开挖宽 1.2 米，深 1 米的鱼沟，面积占稻田总面积的 8%~10%，利用鱼沟中挖出的泥土加宽，加高，夯实田埂，保持田埂高出 0.5 米，确保蓄水 20 厘米以上。

（三）防逃、防鸟设施

在鱼沟外侧埋设一道网片，用于防逃，防蛇鼠害，采用 20~25 目的聚乙烯网片，距水上口 30 厘米，并埋入土下 20 厘米，鱼沟上加盖尼龙网，且每隔 1.5 米用竹竿支撑与固定，以防止鸟害及高温季节遮阳，为防止逃鱼，在进、排水口用 60~80 目聚乙烯网片包扎。

二、鳅种放养前的准备

（一）鱼沟消毒

在鳅种放养前用生石灰、漂白粉、茶饼等对鱼沟进行消毒，彻底杀灭各种病原体，敌害生物，消毒时每亩用 60~75 克生石灰放入小坑中加水溶化，不待冷却即向稻田池沟中均匀泼洒，使用生石灰的第 2 天，必须用铁耙耙动水底，使石灰浆与淤泥充分混合。一般经过 7~10 天药性消失后方可注水。

（二）施肥

放养鳅种和插秧前，养鳅稻田分别施足基肥，一般施入发酵后的猪、牛粪和人粪尿等有机肥，施用量每亩250~400千克。

（三）栽植水稻

宜选择抗倒伏、抗病力强的水稻品种，采用免耕直播或抛秧法较好，田埂内侧，沟旁增加水稻栽插密度，发挥边际优势，每亩平均种植秧苗1.5万株左右。

三、泥鳅苗种放养

由于各地的种稻技术，施肥方法有差异，因此在放养时间和密度上也有所不同，但在放养时间上要坚持一个“早”字，要求做到“早插秧、早放鱼”。一般在早、中稻插秧后10天左右，再放养鳅种，规格为3厘米左右的鳅种，每亩粗养放1.5万~2万尾，精养放3万~4万尾为宜。放养前用5%食盐水浸泡消毒5分钟后，慢慢地放入鱼沟中。

四、种养管理

（一）茬口安排

在7月中、下旬，水稻秧苗高达35厘米时，投放泥鳅苗种，10月初开始用地笼陆续起捕上市，11月上旬收割水稻，而后分两次排干稻田和鱼沟中的水进行泥鳅起捕，翌年，稻田免耕进行下一轮种养。

（二）稻田除草、施肥与水位控制

水稻直播前杀灭田间老草，直播后用直播净封杀田间杂草，分蘖后用选择性除草剂杀灭田间杂草，泥鳅入田后不再用除草剂，水稻直播前用磷肥和碳铵作底肥，待水稻分蘖前期用尿素和氯化钾作追肥二次，促进水稻早分蘖，泥鳅入田后，用泥鳅粪便与残饲供水稻生长所需，不再使用化肥，根据田中水质情况，适时按25千克/

亩用量追施一次有机肥，水稻直播和分蘖时田间留薄水，分蘖结束后排干水搁田，控制无效分蘖。搁田时，让水缓缓流出，使大多数泥鳅游到沟内，保持沟内水位60厘米以上，稻田水位降低到田面露出即可，时间不宜过长，烤田后及时灌水使泥鳅能及时恢复生长。

（三）饵料投喂

稻田中天然饵料丰富，泥鳅可捕获昆虫幼虫，水蚤，水生动物，蚯蚓及藻类，稻田养殖泥鳅如放养量不大，可不投饵，若放养量较大，需要正常投喂饵料，在鱼沟内均匀投泥鳅专用人工配合饲料，每天于傍晚投喂一次，一次投足，但为防止泥鳅过多依赖饲料，而减少对稻田害虫的摄食，日投饲量控制在1%~3%，按养殖前、中、后期逐步增加，投饲时间遵循“四定”原则，并坚持“四看”，灵活调整，阴雨天和气压低时应减少或不投饲料。

（四）调控水质

保持水质清新，养殖前期每2~3天加注1次新水，除了搁田时，基本保持田面上水位20~30厘米，高温季节视水质情况，每10~15天换水1次，每次换水1/3。

（五）日常管理

每天早晚坚持巡视，观察沟内水色变化以及泥鳅吃食，活动和生长情况，水稻生长情况，检查鱼沟及进、排水口防逃设施是否完好，发现异常情况，及时采取应对措施，由于稻田养泥鳅的田块水稻病害相对较轻，农药基本不用，但应特别注意防止周边稻田用药流入，以免泥鳅中毒。

五、水稻收割和泥鳅起捕

（一）水稻收割

水稻于10月下旬至11月上旬收割，机械化操作。

（二）泥鳅起捕

采用先地笼网后排水起捕的方式捕捞，从9月开始根据市场行

情和泥鳅规格，采用地笼网“捕大留小，适时上市”的方式，即傍晚将地笼网放置在鱼沟中，翌日清晨收捕，在水稻收割后，分两次排水进行收捕，第一次排水仅让水稻田表面露出，田内大部分泥鳅随水流游进鱼沟，这时用手抄网进行捕捞，第一次排水后1~2天，再把鱼沟中的水排干，用抄网进行起捕。

第八节　养殖黄鳝稻作技术

一、稻田选择与设施

养殖黄鳝的稻田要求地势平坦，水源充足，排灌方便，水质无污染，保水保肥力强，根据黄鳝营洞穴生活的习惯，稻田土质以黏性为好，且要求腐殖质丰富而土质疏松，以弱酸性或中性为宜，水源无农药和其他毒物污染，敌害动物少，保证黄鳝在稻田里正常生长。

养殖黄鳝稻田的工程设施既要能满灌全排，又要能保持有一定的载鱼水体，既要保证水稻的生长，又要有利于黄鳝生长，田埂加高，加宽，加固，并要有防止黄鳝逃逸的拦鱼设施，通常稻田经过翻整耙平后，在田的一头开挖1米深的鱼坑，占整个稻田面积的5%~8%，在稻田四周和中间开挖深0.5米、宽0.5米左右的沟，其形状呈“田”字形，“十”字形或“井”字形，田埂筑成0.5米高，0.8米宽，堵塞漏洞，以备使用，一般养殖黄鳝的稻田，四周要建成1.1米的防逃墙，可用单砖砌成，顶部砌成“T”形，在进、排水品处安装闸板和网片。

二、养鳝稻田的准备

稻田放养黄鳝苗种前要将稻田耙平，每亩用生石灰100~150千克化成浆，均匀泼洒整个稻田进行消毒，等毒性消失后，注入田水使鱼坑内水位达到1米左右，每亩施畜禽粪肥800~1 000千克，用以培肥水质，并在水面上放养水浮莲、绿萍等漂浮植物。

三、鳝种的投放

4 月中、下旬气温回升至 15℃以上时是稻田放鳝的最佳时机，放养后鳝种一般在插秧后进行，鳝种来源主要是设点收获或在野外采捕，要求体质健壮、体表无伤、体色深黄，并杂有黑褐色的斑点，若肚皮上有红斑或颈上充血的鳝鱼则有病或鳝体损伤不宜作种鳝。一般鳝种放养规格要整齐，大小要基本一致，以免互相残食，投苗量以每亩放规格 30～50 克/尾 8 000 尾为宜，规格小的还可以多投放，放养鳝种时，要用 3%～5%的食盐水洗浴 5～10 分钟，进行鳝体消毒，通常先将鳝种放入桶里，加水淹没，再逐渐向桶内均匀撒盐（500 克鳝用盐 150 克），直到鳝种在桶内盘曲扭动即捞起放入清水中，约 10 分钟后放入稻田坑池中，由于黄鳝是具有性逆转习性，目前可通过自繁解决苗种，在养鳝稻田内需混养 10%左右的泥鳅可以防止黄鳝互相缠绕。

四、养殖管理

（一）投饵

黄鳝属于杂食性鱼类，在稻田里摄食螺肉，小杂鱼，水蚯蚓、飞蛾等天然饵料，稻田养鳝饵料不足时，可以投喂鲜活的昆虫，蚯蚓、蚌肉、螺蛳肉、小杂鱼、小虾、蚕蛹等为主，畜禽的内脏、碎肉、下脚料等动物性饵料的投饵量要占 40%以上，适当搭配麦芽、豆饼、豆渣、麦麸或瓜果、蔬菜、飘莎、浮萍等黄鳝喜食的植物性饵料，还可将碎肉、腐肉、臭鱼等腐尸物放在铁丝筐中，吊于沟上引诱苍蝇产卵生蛆，让蛆掉入沟中，供鳝吞食，可以缩短生产期，提高产量，仅靠吞食稻田里的昆虫和田中小动物是不够的，投喂饵料坚持做到定时，定质，定量，定点。每亩稻田要有固定投饵点 3～5 个，不要随意改变，投喂时要把饵料投放在鱼坑的食台上和鱼沟内，饵料台可用木框和密眼网做成，吊放在鱼坑水面下 10 厘米处，

日投饵量应根据气温、天气、水质状况等灵活掌握，水温在22~28℃时一般每天投喂量为黄鳝总质量的6%~10%，水温在20℃以下或28℃以上时日投喂量为鳝鱼体重的4%~6%，以第2天不剩饵为准，残饵要及时清理，黄鳝一经长期投喂一种饵料后，很难改变食性，故在饲养初期投喂的饵料不宜单一，投喂饵料要新鲜，还可驯化投喂人工配合饵料，由于黄鳝昼伏夜出，投饵时间要坚持在每天下午4~6时投喂，在7—9月摄食旺季，上午加喂1次，夏季稻田中各种虫蛾落入田水中供鳝捕食，能降低饵料成本，提高养鳝的经济效益，当气温下降到15℃左右，应投喂优质饵料供黄鳝入冬前大量摄食贮积养分冬眠需要。

（二）调控水质

利用稻田坑沟养鳝和水稻生产需要稻田中水位要采取“前期水田为主，多次晒田，后期干干湿灌溉法”。具体操作是：8月20日前，稻田水深保持6~10厘米，20日开始排干田内水，鱼沟，鱼坑内水位保持在15厘米，晒田。然后再灌水并保持水位6~10厘米，到水稻拔节孕穗前，再轻微晒田1次，从拔节孕穗期开始至乳熟期，保持水深6厘米，以后灌水与晒田交替进行到10月中旬，10月中旬后保持稻田水位10厘米至收获。

稻田养鳝期间，要求勤换水，保持水质肥、活、嫩、爽，含氧量充足，每3~5天要换1次水，高温季节还要增加换水次数，保持水质清新，换水时排出老水1/3后，再注入新水，鱼坑水的透明度要控制在30~40厘米，鳝苗生长期间每15天向鱼沟内泼洒生石灰1次，用量为每亩15千克左右。

（三）施肥与用药

养鳝稻田施肥对水稻和养鳝都有利，养鳝稻田施肥要以基肥为主，追肥为辅、有机肥为主，化肥为辅，要在插秧前施足基肥，多施绿肥和厩肥，少用化肥。一般每亩施人畜粪肥800~1000千克作基肥，1周后插秧和放养鳝种，以后的生长期内，经常追肥，追肥量少多次，分片撒施，基肥占全年施肥量的70%～80%，追肥占20%～30%，稻田中追肥对黄鳝有影响的主要是化肥，因此一般施用的化肥必须是对黄鳝无危害的，但在施肥时，一定要把黄鳝引诱进鱼坑内再施肥。

养鳝田的水稻如出现病虫害，可采取综合防治，尽量不施农药或少施农药。一般宜采用深水施药，粉剂药物应在早晨露水未干时喷施，而液剂药物则宜在阴天或晴天傍晚稻田进行喷施，下雨天不宜施药，喷雾器喷嘴伸到叶下，由下向上喷，尽量喷洒在水稻茎叶上，减少农药落入水中，施用农药时将田水放干，把黄鳝引诱到鱼坑内再施药，待药力消失后，再向稻田中注入新水，让黄鳝游回田中，也可采用分片施药的方法，即1块田分两天施药，第1天半块田，第2天另半块田。

（四）田间管理

田水的调节应根据水稻各生育期的需求特点，兼顾黄鳝的生活习性，水稻苗期，分蘖期的稻田水深保持在6～10厘米，晒田期间，要保持沟里“干干湿湿”，晒田过后，及时加深坑沟里的水，围沟、溜水深15厘米左右，经常更换新水，雨天要注意排水口畅通，要及时排水防逃，要勤换水，饵料残渣要及时捞走，以防败坏水质，高温季节要在鱼坑害上搭棚遮阳，鱼坑内可以少量种植一些水花生、水葫芦或水浮莲，既净化水质，又降低水温，也可将稻田里的稗草或无效分蘖苗移栽入坑池，嫩草可作黄鳝饵料，并为鳝遮阳，当天气有变化或天气闷热时，要每天巡田检查，观察黄鳝生长，吃食等活动状况，发现黄鳝离洞，竖起身体前部，头露出水面，说明水中缺氧，要及时灌注新水，暴雨应防止洪水漫田，如果发现黄鳝离开洞穴，独自懒洋洋地游泳，身体局部发白，说明黄鳝有病，要及时治疗，发现死鳝要及时捞起立即处理，此外检查水质及水稻长势，大雨时做好防洪排涝、疏通沟池，并检查田埂有无漏洞，是否牢固，防黄鳝外逃和敌害，水稻收后，当水温降到10℃以下时，黄鳝就入池冬眠时应及时排尽池水，入冬后，池泥上要盖草包或稻草等物，

并保持池中泥土湿润而温暖，使其安全越冬，当气温下降到10℃以下，可将田水排干，但要保持湿润和温暖，可在田面上盖少量稻草以防结冰而使黄鳝冻伤致死，同时要防止禽、水老鼠、蛇类等敌害动物侵害。

五、黄鳝的捕捞

当黄鳝个体重达80~100克时，即可捕捞上市，此时是黄鳝捕捞的最佳时期，人工饲养成批捕捞的时间一般从8月开始，黄鳝的捕捞方法如下：

（一）密眼网片捕捞法

黄鳝喜欢在微清流水中栖息，傍晚6~7时捕鳝，先将鳝池中的老水排出1/2，再从进水口放入微量清水，出水口继续排出与进水口相等的水量，同时在进水口处放入1个与池底大小相当的网片，网片的四周用十字形竹竿绳扎绷沉入池底，每隔10分钟取网1次，采用人为控制微注水，用网片捕捞鳝鱼方法简单易行。

（二）诱饵捕鳝法

黄鳝喜欢在夜间觅食，诱饵捕鳝多在夜间进行，将罩网内放少量黄鳝喜欢吃的鲜活的饵料，并在饵料铺盖一层草垫置于投饵台附近的池底水中，待黄鳝引诱入网钻入草垫后，立即将罩网提起，然后揭除草垫，捕捉黄鳝入篓，人工饲养黄鳝可采用网眼密，网片柔软的夏花鱼种网捕捞。

（三）鳝笼张捕法

鳝笼是用带有倒刺的竹篾编制成高30~40厘米，直径15厘米，左右两端较细的竹笼，其底口封闭，上口敞开（口径以能伸手为准），其周围伸出5~8片薄竹片，开成倒须的小口（直径约5厘米）。并用一节长20~30厘米，直径6~8厘米的竹筒，竹筒底端有节不通，诱饵筒内装少量黄鳝喜吃的活饵（蚯蚓最好）后，将其筒插入诱笼，并用稻草将笼口塞住，这时可将诱笼置于鳝池水底或稻田埂边旁，用手压入泥 3~5 厘米，每隔半小时可以取笼收鳝 1 次。

(四) 放干池水翻土捕鳝

晚秋、冬季和早春可从坑池的一角开始翻动泥土，挖出黄鳝，取大留小，然后再用稻草等物覆盖，使坑内保持一定数量的种鳝，以利于长期繁殖，不再放种。

第九节　养殖常规鱼稻作技术

一、稻田的选择与设施

养鱼稻田应选择阳光充足，水源充足且无污染，排灌方便，保水力强，天旱不干，大水不涝的稻田。在鱼种放养前，田埂要加高到 60 厘米，加宽到 35 厘米左右，要求夯打坚实牢固，以防漏水或黄鳝、水蛇、田鼠等钻洞，造成逃鱼，一般在冬季整田时改造田埂，稻田注排水口应设在田埂的两个对角，使田中的水流畅通均匀地通过整个稻田中，并做好进出水口的拦鱼栅设备。同时做开挖鱼沟，鱼溜（鱼窝、鱼坑）等工作。

二、稻田养鱼前的准备

(一) 稻田消毒

稻田放苗前 7~10 天，每亩鱼沟和鱼溜要用生石灰 125 千克进行消毒，待 7~10 天石灰毒性消失后加水放养鱼苗种。养鱼稻田的进水口经 60~80 目筛绢过滤，以防带入敌害生物的幼体和受精卵。

(二) 选择好水稻品种

稻田养殖选用的水稻品种应选择耐肥力强，秸秆坚硬，不易倒伏，株型紧凑，穗大粒多，生长期长，抗病虫病能力强，品质好，产量高的品种。

（三）施肥

农田施肥是促进水稻增产的重要措施，也是稻田养鱼的饵料生物（浮游生物和底栖生物）所需的营养物质，稻田施肥以基肥为主，追肥为辅，一般基肥施用厩肥（畜、禽粪等农家肥料）为主，占总施肥量的2/3，但施用前必须经过发酵，鱼种下田前，每亩施腐熟的猪、牛粪250~500千克，或人粪150~250千克。

（四）水稻栽植

水稻一般是先育秧，后移栽，通常采取条栽的方式进行栽植，鱼沟，鱼溜边应当适当密植，以充分发挥边行优势，每亩稻田净面积以栽植1.8万~2万穴为宜。

三、稻田鱼苗种放养

选择稻田养鱼品种应考虑能耐浅水，能适应当地寒热温差的鱼类，能摄食稻田里天然饵料的鱼类，并且性情温和，生长较快，能在短期内养成鱼种或养成商品的鱼类。放养鱼种的规格要根据养鱼目标而定，放养鲤鱼和团头鲂鱼种以7~9厘米为宜，草鱼种以5~7厘米为宜，鲢鱼，鳙鱼种以10~20厘米为宜，稻田放养鱼苗的时间一般在插秧后3~7天。稻田鱼苗种放养量应根据稻田饲养品种，养殖目的和放养规格的不同而定，如果利用稻田培育鱼种，每亩稻田可放夏花1万~1.5万尾；如养殖成鱼，一般每亩放养量200~500尾。

四、饲养管理

（一）调控水质

稻田水域是水稻和鱼类共同生活的环境，田水水质管理要做到两者兼顾，“前期以水稻为主，中后期以鱼类为主”。要求水稻早期保持浅水位，稻田水深保持6~10厘米，夏季高温保持水深20~30厘米。养殖期间要定期换水和加水，定期使用光合细菌等生物制剂调节水质，此外，期间要经常检查水稻田进出水口栏网设施有无损坏，尤其是下大雨时要防洪、防涝、防止鱼类随水流外逃。

（二）投饵

稻田养鱼前期，水中浮游生物等水生生物丰盛，嫩草、浮萍大量繁殖，水体中载鱼量较小，溶解氧状况好，鱼类生长很快，但随着鱼体的长大，稻田中饵料已不能满足鱼体生长的需要，必须人工投喂饵料，在6—7月鱼类生长旺季时应投喂人工配合饵料，如豆饼、豆渣、米糠、麦麸和配合饵料等，投饵量随生长情况适时调整，精料喂量可按鱼体重的2%~3%计算，草料投喂量则按体重的30%计算，也要结合田中天然饵料的多少，鱼吃食状况和天气变化情况(如连阴雨天少投饵、雷雨前不投饵）等因素灵活掌握，并要求定期，定位、定量投喂饵料，一般投饵时间为上午、下午各1次，气温下降，应减少投饵，饵料应投放在进水口或鱼溜里，不能投到狭窄的鱼沟里。

（三）田间日常管理

加强养鱼稻田管理，经常巡视，观察养鱼稻田水色、水位和鱼群活动情况，勤捞除残渣剩饵和腐败物质，及时加注新水，保持适宜的水深，要经常检查进、出水口和拦鱼设备，如有杂物堵塞，应及时清理，发现田埂塌崩，漏水，应及时修补，并要经常疏通鱼沟，防止雨水流入田中田水漫出逃鱼。

五、成鱼的捕捞

水稻成熟后，夏花已长到鱼种规格，鱼种也已长到食用规格，此时，可根据市场的需求捕捞，可采取“捕大留小、分期分批上市”，具体在操作时，稻、鱼并作田可在水稻收割前10~15天放水收鱼，或水稻收割后再彻底干田集中捕捉。

参考文献

陈啸宾，等. 2011. 农作物病虫草鼠害防控技术［M］. 南京：江苏人民出版社.

何旭平，等. 2012. 绿色食品规范生产技术［M］. 南京：东南大学出版社.

何旭平，等. 2012. 无公害农产品（种植业）规范化生产技术［M］. 南京：东南大学出版社.

凌启鸿，等. 2005. 水稻丰产高效技术及理论［M］. 北京：中国农业科学技术出版社.

沈晓昆，等. 2006. 稻鸭共作增值关键技术［M］. 北京：中国三峡出版社.

沈毅. 2010. 江苏渔业十大主推种类技术模式［M］. 北京：海洋出版社.

石传翠，等. 2007. 怎样养殖龙虾（克氏螯虾）［M］. 合肥：安徽科学技术出版社.

宋长太. 2008. 淡水珍品健康养殖技术［M］. 北京：中国农业科学技术出版社.

王一凡. 2005. 绿色无公害优质稻米生产［M］. 北京：中国农业出版社.

杨力，等. 2016. 水稻机械化种植实用技术［M］. 南京：江苏凤凰科学技术出版社.

于振文. 2003. 作物栽培学各论（北方本）［M］. 北京：中国农业出版社.

张坚能. 2011. 水稻高产创建与无公害生产技术［M］. 南京：江苏人民出版社.

张益彬，等. 2003. 无公害优质生产［M］. 上海：上海科学技术出版社.
周宝根.2011. 高效植保机械化技术［M］. 南京：东南大学出版社.
周宝根.2011. 新型农业机械使用技术［M］. 南京：东南大学出版社.
周刚.2015. 河蟹高效养殖模式攻略［M］. 北京：中国农业出版社.